U0162373

减糖

21天科学饮食瘦身法

吕燕妮◎著

江苏凤凰科学技术出版社
·南京·

图书在版编目（CIP）数据

减糖：21天科学饮食瘦身法 / 吕燕妮著．-- 南京：江苏凤凰科学技术出版社，2021.6

ISBN 978-7-5713-1702-7

Ⅰ．①减… Ⅱ．①吕… Ⅲ．①减肥—食谱 Ⅳ．①TS972.161

中国版本图书馆 CIP 数据核字 (2021) 第 002975 号

减糖：21天科学饮食瘦身法

著　　者	吕燕妮
责任编辑	钱新艳　汪玲娟
责任校对	仲　敏
责任监制	刘文洋
出版发行	江苏凤凰科学技术出版社
出版社地址	南京市湖南路1号A楼，邮编：210009
出版社网址	http://www.pspress.cn
印　　刷	南京海兴印务有限公司
开　　本	718mm × 1 000mm　1/16
印　　张	18
字　　数	200 000
版　　次	2021年6月第1版
印　　次	2021年6月第1次印刷
标准书号	ISBN 978-7-5713-1702-7
定　　价	58.00元

自 序

小小的改变，人生就会 180 度不同

作为一名 90 后斜杠青年，我同时身兼国际瑜伽导师、美国北极星普拉提授权教练、国家公共营养师、香港食生厨师、冷压排毒品牌创始人等多个角色。然而，多年来，我给自己的人生标签，其实只是个“健康饮食和有效运动的终身实践者”。我一直都定期给自己做轻断食，长期减糖，坚持以生机饮食为主的烹饪方式，瑜伽、普拉提、拳击等运动是我的日常行程，我践行断舍离的生活理念，除了管理自己的创业公司，每年都会学习 1~2 种新技能。这几年我在西班牙，一边开餐厅，一边积极学习西班牙语。

从 2017 年开始，我陆续在喜马拉雅 FM 上开设关于轻断食和减糖瘦身的课程，主要介绍了这些年来自己一直践行的“轻断食”配合运动和美容的健康理念。课程得到了很多朋友的喜欢，她们加了我的微信，形成了一个有意义的社群，我们经常在一起交流一些健康的话题。让我感到很欣慰的是，社群里的学员都特别自律，经常督促我多多举办 21 天训练营。其实，每一期训练营的内容都大同小异，但有的人竟然会从第一期跟到第五期，并收获了巨大的改变。她们的自律和爱自己的精神，都令我深深感动和为之鼓舞。

不管是在国内，还是在西班牙的小岛上，我经常被问到一个问题：“燕妮，我该吃什么？我不该吃什么？”

其实，无论是节食还是轻断食，都只是拿出人生的一小部分时间来给身体

做减法，从而唤起我们对健康的觉知。但我们人生的大部分时间不应该仅仅跟断食死磕，而是关注如何做到科学合理的饮食摄入。所以，健康的生活永远离不开对饮食的关注。很多人在减肥这场战役里沉浮数年，踩过非常多的坑，瘦了，反弹，再瘦，再反弹……周而复始，不但身体变差了，还增添了便秘、经期紊乱等困扰。

现在让我来问你：人生中最重要的是什么？减肥是为了什么？当然是为了更好地生活，生活得更开心和舒适啦！减肥是为了体会身体的愉悦感。

但大多数减肥者的问题在于，他们对自己的身体缺乏长久且认真的照顾，建立愉悦感的初衷也所剩无几。是的，我知道现代人的生活真的有很多身不由己的忙碌，工作有 996，上下班有堵车高峰期，时间被分配得支离破碎，能留给自己的少之又少，那些精致健康的食物、大汗淋漓的运动，对于高压下的都市白领，显得弥足奢侈。让人遗憾的是，在我们忙碌的生活缝隙里，吃下的大多数东西都是大脑的无意识选择。下午茶时间喝杯奶茶是常规选择，偶尔吃块甜点蛋糕犒劳一下自己，负罪感早就被挤压得渣都不剩。晚上下班后，一群小伙伴聚在一起，烧烤、炸鸡、火锅……宵夜才是都市人的灵魂，仿佛只有让味蕾充分感觉到麻辣鲜甜的刺激，才能够让我们感受到灵魂的重生。可突然，当身边的人告知你身材走形的事实时，你又开始以极端且渴望速效的方法进行瘦身，结果没瘦下去，反而把身体折腾差了。这是不是大多数人的生活状态呢？

如果我们不能从饮食的本质上改变，即便用再多的减肥方法，都只是徒劳。我之所以给大家普及“减糖”的知识，就是因为它能够从根本上改善我们的饮食和健康问题。

这本书是你停止与肥胖斗争，开始跟食物和平共处的一块敲门砖。因为你能学到的绝不是单纯字面意义上的“减糖”而已，它还包含了：

√ 如何识别会致胖的日常食物。

√ 如何烹饪出美味饱腹但不致胖的健康食物。

√ 如何提高身体的基础代谢值和胰岛素敏感度，让你比别人更难长胖。

√ 如何在吃饱又吃好的情况下成功减肥。

√ 如何让你变得精力充沛，不再头晕乏力。

√ 如何让你在皮肤和身材变得更好的同时，还能帮你延缓衰老。

所以，“减糖”这两个字，在我的这本书里，远比其表面意思来得深刻。

并不是我在玩文字游戏。这么多年我们都被告知高脂肪有害，低脂、低热量的食物才是减肥食物。20 世纪 80 年代开始流行的饮食金字塔也总将主食（米饭、面条、面包等）放在最底层，强调多吃碳水化合物，而脂肪却在最顶层，也就是摄入需求量最少的那层。正是从那时开始，超市货架上常见的“减肥食品”也充斥着糖分和碳水化合物，反正只要把热量值降低，大家就会放心选择。

越来越多的人长期通过节食配合低热量饮食的方法来减肥，但结果是，身体普遍变得越来越虚，越来越容易发胖了。因为当你一直限制身体的热量摄入时，身体需要的热量就会越来越低，一旦摄入略高的热量，身体就很容易反弹而发胖，甚至比节食减肥前更胖。

不仅“主食为上”的概念会带来健康问题，当下的“糖”也实在藏得太深了，以至于它已经深入你生活的方方面面，而你却不自知。

可能你爱吃糖，是个糖上瘾者，你该怎么继续喝健康奶茶而不再受到糖瘾的困扰呢？

也许你根本不爱吃糖，但你离不开面条、面包、米饭，又该如何调整主食结构，用饱腹感强且不易令人发胖的其他主食替代呢？

你可能听说过低碳水化合物饮食、得舒饮食、哥本哈根饮食，甚至是原始人饮食、生酮饮食等近年来非常流行的各种饮食观念，但是你知道所有这些饮食观念都是在对“糖”进行限制的前提下进行的吗？说来说去，当下大部分的饮食问题都是糖类在捣乱的结果，而我要做的就是把它们连根拔出来，让你的生活回到不纠结减肥，甚至不需要减肥的健康状态中去。

糖的终极形式——碳水化合物，作为和蛋白质、脂肪同样重要的三大营养素之一，我们是永远不吃了还是选择性地吃，又或者是有节奏地吃呢？

如何游刃有余地在减糖饮食中感受到身体的美好变化，同时将不适应感降到最低呢？如何由浅入深，安全且有效地进入减糖阶段呢？如何从严苛减糖走向弹性减糖的饮食节奏呢？……这些都是我会在书里面跟你分享的重要话题。

这些理论知识非常重要，但光有理论知识，在我们的训练体系里毫无意义，所以我还在书里花了大量篇幅，手把手教你实践减糖 21 天的训练疗程。你要做的就是，在我的指导下，让自己有效、有节奏地完成一次又一次的 21 天，最终让减糖真正为你打开新生活的大门！

如果你在实践中有任何问题，或者想了解更多健康生活新理念，可以关注我的公众号“Yannie 的瑜伽厨房”，会有一群志同道合的朋友，跟你一起，变瘦变美，变成更好的自己！

目　录

PART

第1章

减肥就是学会和身体合作

少吃多动为什么对你没有用

知乎上有一个热门提问："如何可以走出人生低谷？"

在许多答案中，我认为最佳答案是："多走几步。"

上营养学国际研修班的时候，老师抛出来一个关于体重管理的话题。我们这些从事健康、减肥等相关事业的创业者们纷纷发表自己的看法，但说来说去都在推荐自己家的产品。比如蔬果汁断食、酵素瘦身、补充益生菌、中医艾灸，五花八门的瘦身方法都被拿出来讨论。这些方法都很有效，但是老师不以为然，他问我们："你们有没有去了解过那些想减重的人是真的想管理体重吗？"

这个问题一抛出来，我们瞬间陷入了沉默。

所以，**对于减肥者来说，动机很重要。**

遇到低谷时，你能多走几步走出低谷，而不是陷入焦虑和自怨自艾吗？遇到体重问题时，你能明确动机，知道自己是为了什么而减肥吗？为了美？为了自信？为了增强体质？为了消除疾病困扰？还是为了让前任后悔？

明确动机之后，接下来才是选择相应的减肥方法。其实，并没有适用于所有人的减肥方法和技巧。当然，运动是常见且有效的减肥方法，成功减重者都有一个共性，就是他们都找到了自己发自内心喜爱运动的理由或是迫切的需求。他们心甘情愿吃下运动的苦，愿意为了瘦身而付出努力。所以，那些相信躺着就能瘦、只要办一张健身卡就能瘦、准备好全套运动装备就能瘦的人，基本都在减肥的道路上半途而废了。

然而，关于运动，也存在着一些误区。我们首先要避开运动中的几个误区，了解我们为什么要运动和应该如何运动，这样我们才能真正下定决心，坚持运动，将减肥进行到底！

避免以减肥为目标的运动误区

◎ 运动不是减肥的捷径 ◎

运动并不是减肥的捷径，因为只有连续坚持运动 90 天以上，减重的目标才能达成。

为什么呢？这是有科学依据的。

每天，我们的身体都有旧细胞自然消亡，也会有新的细胞自然产生。细胞更新一次的周期是 90 ～ 180 天。脂肪作为人体组织不可或缺的一部分，会通过产生新脂肪细胞来取代那些自然死亡的脂肪细胞。身体会严格控制脂肪细胞数量，如果想要打破身体的这种平衡，减少脂肪数量，你就必须要坚持 3 个月以上，突破细胞再生这个难关。

在行为心理学中，一个新习惯或理念的形成并得以巩固，至少需要 21 天，

这叫 “21 天效应”。也就是说，一个人的动作或想法，如果重复 21 天就会变成一个习惯性的动作或想法。所以，只要我们能做到连续 21 天坚持运动，余下的 69 天就会容易坚持下去，最终形成一种习惯。

有资料显示，那些快速减肥者出现脱发现象的概率比正常人高 3 倍，有四分之一的人在 2 ~ 4 个月内可能患胆结石，严重者甚至还会出现免疫力下降、肝功能受损的情况。因此，合适的减肥速度应为每 3 个月减去 5% ~ 10% 的体重。如果减肥目标过高、减肥速度过快，除了会给我们带来健康风险之外，还会让我们因为没有完成目标而拥有挫败感，导致减肥半途而废。

对于那些曾经使用过减肥药、节食或身体患有疾病的人来说，运动减重的第一个月通常是很难瘦下来的。非但瘦不下来，还会遭受体力不支、出虚汗的额外困扰，这是因为不科学的减肥方法抵抗了身体的自体调节的反应。通常来说，只要坚持进行 90 天以上循序渐进的运动，都能看到成效。

◎ 运动不能一劳永逸 ◎

身体是有记忆的。就像头发掉了会在相同的地方长出新头发一样，身体也保留了对脂肪的记忆。因此，每当脂肪细胞快速下降时，身体会启动相应系统，降低新陈代谢率，减缓脂肪的流失。这就是很多人每天吃得很少却瘦不下去的原因。

更可怕的是，一旦你稍微多吃了一点食物，脂肪就会首先堆积在原本减去的部位，尤其是腰腹部等“重灾区”。解决这个问题的唯一办法，就是将运动减脂的过程维持更长的时间，让身体丧失对原有脂肪的记忆，真正重塑身材。

◎ 局部瘦身有妙招 ◎

很多人都有这样的想法，看自己的手臂粗，就觉得应该多活动手臂；想瘦腿，就觉得应该多跑步。

这其实是一种想实现局部减肥的捷径心理——想减哪个部位的赘肉，就专门练哪个部位。

但身体不是“点读机”，哪里胖就可以减哪里。脂肪是全身性的，不能简单地认为，练哪个部位就可以减掉哪个部位的多余脂肪。

首先，局部运动容易导致疲劳，而且由于不能持久，最终消耗的能量并不多。

其次，脂肪供能是由神经和内分泌系统调节控制的，但这种调节是全身性的，哪里供血条件好，有利于脂肪消耗，哪里就能减肥。这就是许多女生会有“一胖就胖脸，一瘦就瘦胸，中段肥肉永远挂身上”的困扰的原因。要解决这个困扰，就需要我们通过运动去提升重点部位的血液循环，消灭身体中段的顽固脂肪，从而达到瘦身塑形的效果。

◎ 运动了不一定就能瘦 ◎

运动虽然能燃烧较多的热量，有助于减轻体重，但运动也会导致饥饿感的产生，有的人还会产生补偿心态——这时如果没能克制住而大量进食，就会浪费之前的所有努力，所以一定要控制住自己。如果实在想吃东西，可以适当吃一些水果或蔬菜，高热量和高脂肪的食物坚决不要碰。

如果你是个严格控制饮食的运动者，那你还得接受一个事实：运动能双向调节体重。因为肌肉的密度比脂肪高，所以运动可以让身体变得紧实。也就是说，视觉上变瘦，但体重会增加。当然，如果你是大大超过正常体重的肥胖人群，运动是可以帮助你快速减掉体重的。

有人肯定会有疑问，既然运动瘦身不能速成，又不会永久有效，也不能练哪儿瘦哪儿，还不能保证只要运动就能瘦。既然这么不靠谱，那么我为什么还要运动？

我能坚定地告诉你答案：运动是最让人开心且科学的减肥塑形方法。

运动和开心有什么关系呢？这就要提到两种激素——内啡肽和多巴胺。

内啡肽是人体内产生的一种激素，作用类似于吗啡，具有镇痛效果，且能够让人感觉愉悦。

多巴胺是一种神经传导物质，负责传递兴奋及开心的信息。

举个例子，当你结束一天的工作下班的时候，你通常会感觉很高兴，这样的感觉就是内啡肽造成的。当你开心地玩了一天，到了晚上依然意犹未尽不想睡觉，这样的感觉就是多巴胺造成的。

当人们运动时，体内的内啡肽和多巴胺会持续分泌。但是这两种物质的分泌和运动强度是有一定关系的，长时间、连续性、中度以上的运动和深呼吸，是分泌内啡肽和多巴胺的前提条件。这两种“快乐激素”能改变人的负面情绪，让你充满活力，改变对自我的认知，让你的心态变得积极向上。它们甚至可以改变你的气质、外貌，影响你与周围的人和环境的关系。除此之外，内啡肽还可以提高学习成绩，加深记忆力，提升创造力，帮助大脑维持年轻状态，消除失眠，甚至强化免疫系统。所以说，“运动让人变得年轻”这句话是有道理的。

长期坚持运动的人常在运动后感到心情舒畅，工作效率也会提升，甚至会对运动上瘾，就是因为运动能够促进内啡肽和多巴胺分泌。

在长跑中，有一个奇妙的“极点”。在那个点之前，人会感到非常疲惫；一旦越过了那个点，身体就会充满了活力，精神无比振奋。这是因为当运动量超过某一临界点时，体内便会分泌内啡肽和多巴胺。这时，继续跑步就会变得格外轻松。

为什么运动是科学的塑身方法

很多女生不喜欢肌肉，经常抱怨说：“我才不要举铁，到时候变成金刚芭比就完了！”“最近小腿都变粗了，再也不敢跑步了，因为小腿肌肉实在太难看了。”

很多人以为，大块肌肉是随随便便就可以练出来的。然而，事实并非如此。肌肉并不是在锻炼的过程中长出来的。在锻炼时，训练会导致肌肉纤维被破坏，而饮食中的蛋白质就是用来补充被破坏的肌肉纤维的，在补充蛋白质的过程中，原先的肌肉纤维会慢慢变大，使得你下次训练时肌肉纤维能够承受更大的重量。

形成大块肌肉需要两个要素：一是高强度锻炼，二是大量的蛋白质补充。这就是为什么健身人士需要补充蛋白粉的原因。日常饮食中的蛋白质是不会促使我们的肌肉长成疙瘩形的，而且，女生的激素分泌远远低于男生，相比之下，更难以形成大块的肌肉。当然，女生也需要通过练肌肉提高肌肉质量，减少脂肪堆积，延缓肌肉的退化和萎缩，最终达到延缓衰老的效果。

其实，大多数女生追求的是精瘦型的身材，说得简单一点就是“骨瘦如柴”。但“骨瘦如柴”的身材有很多弊病。

首先，容易出现“林黛玉”型体质，体弱多病，一运动就全身酸痛。

其次，容易快速发胖，尤其是产后或者压力大的时候。因为，这种身材是靠长期少吃食物来维持的，属于体脂高的易瘦体质，肌肉含量低，基础代谢值低，稍微多吃一点高热量的食物就会发胖。

能够显著提高人体新陈代谢率的方法就是增加肌肉。一般而言，在安静状态下，每千克脂肪每天大约可以燃烧掉 4.4 千卡的热量，而每千克肌肉每天大约可以燃烧掉 13 千卡的热量，几乎是脂肪的 3 倍。

举个例子，如果一名女性在减掉 10 千克脂肪的同时增加了 10 千克的肌肉，那么她每天一动不动也可以多燃烧 86 千卡的热量。虽然在一天的总热量摄入中，86 千卡看起来并没有太大的影响，甚至都不到 100 克米饭的热量。但从长期来看，这 86 千卡对于减脂和保持体形，却有着不小的作用。

基于这些原因，我常常在我的瑜伽课中加入很多力量练习，因为肌肉能保护身体。简单来说，肌肉就是骨头的“海绵垫”，如果长期正确锻炼肌肉，骨骼和关节就能得到很好的保护，使你不容易受伤，一旦遭遇摔跤、撞击这种小事故，也不会轻易导致骨折或错位。

另外，运动还能够让你的身体变紧致且有线条。原因很简单——相同重量的肌肉比脂肪的体积小，正因为如此，经常运动的人看起来更紧实显瘦。

瘦不下来的锅，胰岛素得背上

相信很多人都听说过胰岛素，但说到跟减肥密切相关的专业名词“胰岛素抵抗”，可能就没多少人了解了。如果你是个腹部区域肥胖者，或者是一个离不开主食的人，就很有必要了解一下胰岛素。胰岛素中，隐藏着肥胖的密码。所以，要了解肥胖的真相，就要搞清楚胰岛素。

胰岛素和胰岛素抵抗

胰岛素是胰脏分泌的一种蛋白质激素，用于参与调节碳水化合物和脂肪代谢，控制血糖平衡，促使体内的葡萄糖转化为糖原。缺乏胰岛素，会导致血糖过高、糖尿病。所以，有些糖尿病患者需要额外注射胰岛素以稳定血糖。

通俗一点来说，胰岛素就是在你吃饭之后帮助你降低血糖的激素。

关于食物和血糖的关系，营养学上有一个概念叫作“血糖生成指数”，简称“升糖指数”或者“GI”（Glycemic Index 的缩写）。它是反映食物引起人体血糖升高程度的指标，用来衡量食物中碳水化合物对于血糖浓度的影响。人吃了以后，血糖升高不多的是低 GI 食物，容易让血糖迅速上升的则是高 GI 食物。

高 GI 食物，主要有白砂糖、白米、白面、淀粉类蔬菜等。吃了这些食物会让你的血糖飙升，如果血糖不能及时降下来，时间一长就会导致糖尿病或者其他高血糖并发症。当然，人类强大的身体系统是不会轻易让这种事情发生的。这个时候，胰岛素便马上开始工作，用于降低血糖。如果你的身体足够健康和年轻，半小时内胰岛素便能成功地将血糖拉回正常水平。但当你长期吃大量的高 GI 食物，比如三餐吃米饭、经常吃甜食，胰岛素就必须要不断增加分泌量，才能成功地完成降糖任务。久而久之，胰脏就会疲于奔命，出现一种倦怠状态，叫作胰岛素抵抗。

我有一个好友，小时候她一感冒，父母就把她带到医院去打吊针，从最普通的青霉素打到了最强的超级抗生素。如今，普通的感冒她都需要 1 个月时间才能痊愈。因为普通的抗生素已经对她不起作用了，只有最强的抗生素才能压制住她的抗生素抵抗体质。胰岛素抵抗也是这个原理，如果身体对胰岛素产生了抗药性，那么胰岛素的作用就逐渐失效了，降糖能力就会越来越差。

偶尔放纵一下自己，吃一顿高 GI 食物并不是大问题，但如果你长期吃高 GI 食物，就真的应该开始注意胰岛素抵抗的潜在风险了。胰岛素抵抗不是突然产生的，而是日积月累形成的。身体一旦开始出现胰岛素抵抗，就意味着我们身体里的糖代谢紊乱了。吃进身体的糖分无法被代谢，就会被转化为脂肪存储起来。体内的脂肪在不断增加，又不能通过运动来消耗掉，那么腹部肥胖、2 型糖尿病甚至各种血管类疾病就随之而来了。

反过来看，一旦降低了胰岛素大量分泌的次数，不但不会出现胰岛素抵抗，还能有效减少脂肪的产生和消除糖尿病风险！

所以，不管是减肥，还是保持健康，胰岛素对我们来说都很重要。

如何避免出现胰岛素抵抗

那么，如何避免出现胰岛素抵抗呢？做到以下两点就可以了。

1．尽量少吃高 GI 食物。

有很多关于减肥的书都强调多吃低热量、低脂肪的食物，所以大家会去选择低脂甚至脱脂食品，但超市里的很多低脂食物是用高碳水化合物和高糖来代替脂肪的，所以吃下去之后血糖会迅速飙升。一旦胰岛素长期大量分泌，身体产生胰岛素抵抗，长期顽固性肥胖就会终身困扰着你了。所以，防止胰岛素抵抗的饮食法则就是放弃低热量的指标，在选择食物的时候重视碳水化合物的含量，把高 GI 食物列入黑名单，多吃低 GI 食物，让胰岛素健康分泌，为我们的健康保驾护航。

2．运动是天然的降糖药。

因为有效的运动需要大量消耗葡萄糖来提供能量，人体的血液循环会加快，血液中多余的葡萄糖可以不通过胰岛素就被马上利用，此时只要分泌少量的胰岛素，就可以维持血糖平衡。对于已经患有因为胰岛素抵抗而产生早期 2 型糖尿病的朋友们来说，效果非常明显。但如果你已经是长期吃主食和糖的碳水化合物型体质，虽然没有到糖尿病的程度，但中段肥胖已经产生，说明胰岛素抵抗已经出现苗头。那么，通过运动来消耗体内的葡萄糖是刻不容缓的任务。

运动对提高胰岛素的敏感性至关重要，如果你的身体中有较高的肌肉含量，身体会在锻炼期间和锻炼后都渴望得到燃料。也就是说，即使你不锻炼，只要身体有肌肉的存在，就会持续消耗血液中的葡萄糖。一旦通过运动的方式控制住了血糖，胰岛素的使命就轻松了很多——因为有了肌肉的帮忙，胰岛素就不再是我们体内唯一有助于降糖的物质。所以，只要你能保证一天有 60 分钟的有效运动，激活肌肉，那么接下来的 24 小时里，胰岛素都会处于一个稳定状态。

如果你是一个不爱运动的人，可以忽视这个解决方案，专心通过减糖饮食来调节胰岛素，效果也是很好的。正因为如此，越来越多的不爱运动的人迷上了低碳水化合物饮食（以下简称“低碳水饮食”）！

曾经有一位学员问我：“燕妮，为什么当我 20 岁的时候，我每天坐在沙发上吃薯片喝可乐，也没有运动，依然很瘦。可是我现在 30 多岁，必须通过常吃沙拉、每天只吃两顿饭、1 周去 3 次健身房的方式来维持体重，是我老了吗？”事实并非如此。很多体重增加的问题不要总是归咎于变老和新陈代谢变慢。如果你不敢吃高热量食物，主要吃低脂、脱脂饮食，每周都有运动，体重却一直增长，那么你很可能就是出现了胰岛素抵抗。因为胰岛素抵抗的过程需要 10 年甚至更久才会显现出来。一旦出现胰岛素抵抗，身体分泌多少胰岛素都降不下来血糖了，糖分就会以脂肪的形式储存在身体内。日积月累，你的体重便越来越重了。

如果说减肥有一把钥匙，那么这把钥匙一定是胰岛素。只要我们保护好胰岛素，减肥就不再是难题。所以，从现在开始，戒掉所有的白砂糖，降低饮食中的碳水化合物，不再太在意脂肪摄入量，把运动放入日程中来。只要坚持下去，你就不会再为体重问题烦恼了。

重新理解高热量食物的意义

1896 年，美国化学家威尔伯 · 阿特沃特提出了热量这个概念。他认为，每一种食物都有相应的热量值。同时，一个人每天的脑力活动、体力活动和消化食物的过程，是消耗热量的主要途径。如果摄入和消耗相等的热量，就不会长胖。在一个月的时间里，如果每日的摄入大于消耗的 10%，就会增重 1 千克，相反就减重 1 千克。

所以，100 多年来，无数的减肥者其实一直在和食物的热量战斗。

很多人热衷于寻找所谓的低热量食物，平时进食也是严格控制热量摄入，但依然长胖了。这是为什么呢？这意味着，我们理解的食物的热量不一定是科学和正确的，存在着一些误区。

只要你能够正确认识食物的热量，你就会发现，原来它就是一个本事不大的光杆司令。我们与其天天精确计算摄入的食物热量，不如学些实用的饮食和运动方案。

重新认识食物的热量

◎ 只计算摄入饮食热量的减肥法很笨拙 ◎

其实，食物热量并不是一个万能的标准，它只计算了食物包含的热量，却没有考虑食物的特性。因为，饮食吸收是一件很复杂的事情，并不能简单粗暴地把吃进肚子里的食物的热量直接相加，以此作为日常饮食的参照标准，单纯用这个标准来衡量人体能量的摄入，是很不科学的。

有些人认为，喝半瓶可乐或者吃两口冰激凌，其实并不会让你摄入多少热量，和一份水果沙拉的热量差不多，即使你喝下整瓶可乐、吃掉整盒冰激凌，你也可以通过运动把这些热量消耗掉。

这么想似乎没有问题。然而，在这个计算的过程中，你忽略了一个重要的因素——这些食物会让你的胰岛素迅速升高，影响营养的吸收，改变身体的储能方式；而且，可乐和冰激凌不仅不会带来饱腹感，还会勾起你的馋虫，让你更加饥饿。相反，如果是同样热量的蔬菜、水果、粗粮，不但能让你有饱腹感，还能促进你肠胃的蠕动。

所以，如果你还在吃一些低热量的垃圾食品，就先研究一下这些食物的 GI 值吧！了解了食物的升糖指数，才能做到心中有数，放心地吃，踏实地瘦。

◎ 食物的热量存在时间差 ◎

7 块苏打饼干（约 30 克）的热量是 120 千卡，如果你早晨 8 点以前吃，然后匆匆忙忙去上班，那么这 120 千卡的实际热量功效是 80 千卡。因为早上 6 点到 10 点之间，体内新陈代谢比其他时间段快 40%，40 千卡的热量被身体消耗了，所以吃下去的热量很快就会消耗掉。

如果你要是把这 120 千卡的饼干留在晚饭后，蜷在沙发上一边看电视一边吃，那么它的实际热量功效远远超过早晨的 80 千卡，摄入的热量得不到消耗，很快就会被囤积在腰部和大腿上。

所以说，与其精确计算食物热量，不如合理安排饮食时间，不要太晚吃饭或者吃夜宵，给食物多争取一些消化的时间！

◎ 食物的热量还有正负数值 ◎

1 个中等大小的苹果的热量是 50 千卡，这是步行 15 分钟才能消耗掉的热量。所以，严格来说，苹果并不算是超低热量食品，可为什么它还被各路营养学家奉为“减肥圣品”呢？ 这就要涉及一个“负热量值”的问题了。

苹果含有大量的水果纤维，而消化这些纤维又恰恰是最费劲的。所以，当我们吃下 1 个热量为 50 千卡的苹果时，身体需要 75 千卡的热量去消化、吸收它，那它的总能量就是负 25 千卡。原来，吃东西也可以越吃越瘦，这真的是一件神奇的事情。如果你常常吃那些富含膳食纤维的“负热量值食物”，如苹果、西蓝花等，那么减肥的速度将会是原来的 2~3 倍。

再来聊聊主食。一块白面包的热量并不高，大概是 80 千卡，而如果你改吃全麦面包，那一片面包所含的热量比白面包稍低，70 千卡左右，但由于其丰富的全麦纤维，身体需要消耗 90 千卡的热量去消化它。结果，全麦面包摇身一变，成了“负热量值食品”。

咱们接着说一说动物脂肪类食物。对于羊肉、鸡蛋黄、奶酪等食物，我们的肠胃对它们的反应是“等等再说”——吃下去了，在胃里暂时储存着，先消化那些容易对付的，最后再来收拾这些“老大难”。但是，在等候的过程中，新陈代谢的速度也会随之减慢。如果吃下这些食物后没有进行“负热量值”平衡或者不通过运动消耗的话，那么多出的热量将会化为脂肪储存在身体里。

当然，正热量值食品往往是营养丰富又美味的，吃了之后也不用惊慌失措，你可以用两个方法来补救：第一，去做有氧运动，消耗掉这些热量，并将减慢的新陈代谢速度提升起来；第二，吃一些帮助消化的高纤维食物，如香蕉、红薯、西梅等，这些食物中的膳食纤维能够加快新陈代谢速度、消耗热量。不用担心这些助消化食品中的糖分，因为它们本身是“负热量值食品”，但是也不能吃太多，否则也会导致消化不良。

◎ 食物的热量值其实并不精确 ◎

因为品种、成熟度、种植环境、品质等的不同，食物本身就存在着差异，虽然很多应用程序（App）上会提供食物的营养值数据，但你吃进肚子里的食物和应用程序的参考值是不一样的。

食物热量的另一个衡量上的难点在于商业误差（不正规的小食品厂的热量标签误差极大）。每家食品商虽然被强制要求在食品包装上印刷食品营养标签，但这些营养值特别是热量值的精确度到底有多高呢？我认为这不过是王婆卖瓜自卖自夸的障眼法，大概看看就可以了。

下面我详细说一说关于食物热量的差异。

1. 人的个体差异，决定每个人对食物热量的消耗能力都不同。

有的人一喝酒马上就醉了，有的人半斤白酒下肚后仍然能谈笑风生。所以人和人之间的个体差异非常大，你想让一种热量指标放在四海皆准，是几乎不可能的。

每个人肚子里数以亿计的肠道菌群比例是截然不同的，这就使得每个人对食物的吸收效率不同。所以偏偏就有肠道消化功能极佳的人，完全不受热量值影响，而有些人却难以代谢高热量食物。

2. 同一种食物，不同的烹饪方式将导致其消化方式不同。

低温烹饪甚至生食，是热量值最低的饮食方式，所以我常常建议别人喝蔬果昔，吃沙拉，吃自己制作的发酵泡菜，吃生的原味坚果。

简单的烹饪方式不仅热量低，而且营养也保留得更完整，消化起来也比通过复杂烹饪的食物更容易吸收。

目前，生机饮食是一种颇受健康界推崇的饮食方式。所谓生机饮食，是“不加热直接生食”和“天然有机食物”的简称，也就是生吃有机食物。原理很简单。因为生机食物和加工食品最本质的区别是，生机食物里含大量的活性酶，我们也可以称之为活性益生菌。它们能作用于肠道、生殖系统和口腔，平衡整个身体的微生物圈。这些活性益生菌在低温环境中才能存活，高于 42 摄氏度就无法存活，毕竟人的正常体温是 37 摄氏度左右。所以，生食相比熟食，非加工食物相比加工食物，更有助于肠道健康。

3. 单一的极低热量饮食减肥法不可取。

有人连续几天只吃苹果、黄瓜，或者只吃魔芋。我称这种自残式饮食法为“断卡饮食”。很明显，这类人就是跟食物热量杠上了。几天过后，体重或许真的轻了，但气色也变得不好，脾气暴躁，最后忍不住暴饮暴食，结果体重反而比之前还重。

我们的身体需要几十种营养成分，否则身体根本无法正常运转，消耗热量的机能受损，便很难成功减肥。如果你只吃热量值极低的单一食品，营养是不充分的，时间长了，身体一定扛不住，哪有力气减肥呢！所以，单纯地按照热量来选择食物，简直就是自欺欺人。热量值最多只能作为参考，而不是减肥路上选择食物的唯一衡量标准。

根据体质挑选食物

近几年来，越来越多的营养师们开始弱化热量值这个概念。相比之下，根据体质来选择食物，是更明智的做法。

接下来，我将介绍三种类型的体质，大家可以对号入座，看看自己属于哪种体质，以便进行有针对性地减肥。

◎ 蛋白质型人 ◎

有些人无肉不欢，食欲很好，喜欢吃油腻重口味食物，如果让他们减少高热量食物摄入，结果要么体重增加，要么体重纹丝不动。哪怕他们只吃水果，体重也会增加。对于这类人来说，吃肉不一定就会长胖，吃过多的米、面反而会发胖。因为蛋白质型人更容易将高蛋白、高脂肪的食物转化为能量，因此要适量摄入此类食物，同时减少碳水化合物的摄入，避免食物迅速转化为能量储存在身体里面。适量摄取高蛋白、高脂肪的食物，能够让蛋白质型人感到精力充沛、情绪平稳，从而有助于坚持减肥，最终取得不错的效果。

◎ 碳水化合物型人 ◎

有些人的体质适合吃主食，也爱吃甜食，却不容易长胖，但吃肉就容易长胖。这类人如果尝试生酮饮食，多吃肉不吃主食，往往会因为缺碳水化合物产生酮症，从而影响生活和工作。

碳水化合物型人更容易缓慢地将碳水化合物转化为能量，而较难消化高蛋白、高脂肪的食物。因此，这类人要少吃高蛋白、高脂肪的食物，适量摄取碳水化合物以及低蛋白、低脂肪的食物。当然，也不要过量摄取碳水化合物，尤其是过多的甜食。

◎ 混合型人 ◎

混合型人大致介于蛋白质型人和碳水化合物型人之间，可以说是两者的结合。这类人对大米、面食和肉类都没有强烈的偏好，既不是离不开肉的人，也不是主食爱好者，所以混合型人必须通过均衡饮食来减肥。既要吃蛋白质型食物，也要吃碳水化合物型食物，还要多吃水果和蔬菜这类“负热量值”食物来帮助消化。

当你明确自己的体质后，再选择相应的瘦身方案，今后的减肥大业自然就能事半功倍了！

关于饮食的双向调节

在我做瑜伽老师的那段时间里，我的大部分学生都是抱着减重的目的来学习瑜伽的。19 ： 00~20 ： 00 的瑜伽课，总是最热门的。因为这个时段刚好是白领的下班时间，而且瑜伽课前后 1 小时尽量不进食的规矩，能帮助他们省略晚餐，尤其适合需要减重的人。

渐渐地，我发现那些经常上晚间课程的学生身材愈发紧实，腰臀线条也越来越明显，有些身材好的学员已经敢穿着运动内衣上课，自信地露出若隐若现的马甲线。

可是，恰恰是这些学生会向我抱怨："为什么我的体重没有变化？""所有人都说我看起来瘦了，可为什么我的体重反而更重了？"

太多人过于关注体重数值，将目标定在 50 千克甚至 45 千克，陷入早晚称体重的怪圈，天天纠结于体重秤上忽上忽下的细微变化。

其实，这纯属浪费时间，而且还会影响心情。

体重数值的细微变化有很多原因。体重秤的灵敏度是会变化的：同一时刻用不同的体重秤称体重，或者一天中的不同时刻用相同的体重秤称体重，都有可能看到不同的数值；早上如厕前后，体重也是不同的；大汗淋漓的 1 小时运动后，体重确实减轻了，但半瓶水喝下去，体重便打回原形。

可见，体重数值并不能说明什么，判断胖瘦的标准也不在于体重数值。况且，很多人虽然体重很轻，但一点都不健康，甚至是病态的。

我有一位女学员，五官很美，但是骨瘦如柴，虽然化妆后看起来皮肤光洁，但我发现她素颜练瑜伽时，肤色暗沉、黑眼圈、嘴唇无血色等问题就暴露出来了。

练习瑜伽半年多后，她的精神越来越好，身材也变得紧实了很多。有一天，她开心地对我说：“燕妮老师，我胖了快 10 千克了，好开心！”原来，她长期受到厌食症和失眠的困扰，练习瑜伽后，她的睡眠、食欲、情绪都有所改善，不知不觉间，体重也“胖”回了正常值。

我自己也是如此。当我养成每天运动打卡的习惯并且吃鱼蛋素 4 年后，我的肌肉量提高了不少，体重增加了 5 千克左右，但所有人都觉得我看起来比以前瘦了很多。有了这样的经历，我开始关注健康生活方式对身体的双向调节作用。

“身体质量指数”和“腰臀比”

既然判断胖瘦的标准不在于体重数值，那么正确的标准是什么呢？在这里，必须强调两个重要指标——“身体质量指数（BMI）”和“腰臀比（WHR）”。

◎ 身体质量指数（BMI）◎

身体质量指数（BMI）的计算公式为：体重（单位为千克）除以身高的平方（单位为米）。我的身高为164厘米，体重为49千克，那么我的BMI为 $49 \div (1.64 \times 1.64)$，也就是18.2。

BMI在18 ~ 24之间属于正常，低于18属于偏轻，高于24属于偏重。

当BMI低于18时，节食（不是断食）会让数值保持或者变得更低，而健康饮食加上合理运动，会让数值达到18乃至更高。

因为健康饮食会增强营养的吸收，很多人转变为植物性饮食后，通过摄入高纤维食物，肠道蠕动变强，每天会有2 ~ 3次正常排便。当宿便被排出后，营养更易被肠壁吸收，虽然体重增加了，但是皮肤焕发出光泽，整个人会光彩照人。

◎ 腰臀比（WHR）◎

除了监测身体质量指数外，我们更应关注的是腰臀比。腰围除以臀围，就是腰臀比。

腰臀比是判断胖瘦的另一个重要指标，指数越高，说明脂肪过多堆积在中腹部，而腹部脂肪会破坏胰岛素系统，增加得糖尿病和三高（高血脂、高血压、高血糖）的概率。可以说，相比全身均匀的胖，中段肥胖更不利于健康。

以我为例，我腰围65厘米，臀围91厘米，腰臀比就是0.714。

健康专家建议，亚洲男性腰臀比平均应在0.81左右，女性腰臀比平均应在0.73左右。男性腰臀比大于0.9，女性腰臀比大于0.8，就算是中段肥胖了。

消灭中段肥胖

我有一位好友，四肢极瘦，肚子却很大，她总是穿宽松的衣服来掩盖中段肥胖。

有一次，我们一起外出长途旅行。她路上悄悄问我："如果 1 周都没有排便，应该怎么办？"这时我才惊讶地发觉，她的肚子已经像怀孕三四个月那么大了。原来，在旅行途中我们一日三餐都在外面吃，再加上水土不服，她本就敏感的肠道直接罢工了。

于是，我让她晚餐喝蔬果汁和酸奶，早餐吃两根香蕉，中午我们在一家能吃到糙米饭的餐厅吃饭。我还督促她每天喝 2 升的淡柠檬水。很快，她的排便情况就改善了，鼓胀的肚子也慢慢消下去了。

常吃加工饮食、滥用添加剂、久坐不动，都是导致中段肥胖的主要原因。

现在，我们就来将这三点各个击破，彻底让腰臀比回归正常值。

1. 尽可能拒绝加工饮食。

糖是脂肪堆积的元凶。减少糖的摄入，就能大大提高减肥效率。糖不但是高 GI 食物，也是加工食品中最常用的辅料。你可以去超市看看各种加工食品的配料表，糖和糖浆往往都排在前列，这说明它们的含量比较高。

所以，我们要尽量拒绝加工食品，更多地选择天然食品，因为天然食品中的矿物质对身体健康非常重要。

人体对矿物质的需求量不大，但是不可或缺。适当摄取矿物质，能够确保身体正常运作，维持体内酸碱平衡，改善新陈代谢。

比如，镁能促进肌肉生长，防止肌肉抽筋，缓解消化不良，帮助脂肪燃烧。全谷类（比如燕麦）、豆类（比如大豆、黑豆）以及海鲜中，都含有较多的镁。

钾对肌肉内的体液平衡非常重要，能帮助肌肉进入合成代谢状态。

此外，锌、碘等微量元素也非常有助于减肥。

2. 少吃含有大量添加剂的食物。

在加工食品中，最常见的添加剂是反式脂肪酸，比如方便面中就含有大量的反式脂肪酸。一般来说，天然脂肪被人体吸收后，7 天就能排出体外，而反式脂肪酸需要 51 天才能被分解代谢、排出体外。所以，为了消除中段肥胖，我们要尽量少吃含有反式脂肪酸的食品。

3. 避免久坐不动的生活方式。

很多人上班就坐，下班就躺，这种生活是非常不健康的。我建议大家背个口诀：能坐就不躺，能站就不坐，能走就不站，能跑就不走。

在休息日的时候，可以多做一些户外运动，或者强度低一些、轻松一些的休闲活动，如约上朋友聚会、逛街，也是不错的运动方式。

避免变成“假瘦子”

很多人在减肥过程中会发现，自己的体重虽然变轻了，但是身材变化不大，很容易进入瓶颈期，而且精神状态越来越差。为什么呢？因为你把自己减成了一个“假瘦子”。

想要避免变成“假瘦子”，需要警惕以下三个减肥误区：

1. 节食减肥真的是最徒劳的减肥方式。

节食是非常不科学的减肥方法。节食减肥时，身体因为缺乏能量，会按照“血糖—肝糖—蛋白质—脂肪”的顺序，消耗体内储备的营养物质。因此，很多时候，节食并不是在消耗脂肪，反而会消耗肌肉中的蛋白质，造成身体肌肉含量下降而变成“假瘦子”。

很多女性在不吃主食一段时间之后，发现自己皮肤变差了，原来细腻光洁的皮肤，变得粗糙、松弛、黯淡；头发脱落越来越多，原来柔顺美丽的头发变得干枯或者油腻。碳水化合物摄入量过低，会引发“酮症”，呼气时还会有一股烂苹果的味道。

那些只吃蔬菜水果的女性中，有部分人因为蛋白质、铁摄入不足，导致贫血、闭经、卵巢萎缩，甚至患上浮肿病。就算你是素食者，也要科学吃素。所以，各位减重者你可以问问自己：坚果、健康油脂和豆制品有没有跟上？

2. 只注意运动、不注意饮食的减肥法得不偿失。

许多人为了减肥，会故意空腹运动或在运动后完全不吃东西。其实，这两种方式都会让你的运动成效归零。

我们靠运动瘦身是为了消耗热量、降低体脂、养出肌肉，塑造出高肌肉、低脂肪的好身材。如果拼命运动却不注重补充蛋白质等营养，会造成受损的肌肉得不到恢复而逐渐流失，慢慢地基础代谢反而下降，“假瘦子”就是这样练出来的。

3. 减重速度过快，身体水分会大量流失。

经常有人问我：“有没有一个月瘦 10 千克的方法？”我总是拒绝回答这个问题。从科学的角度来看，我们不应该刻意追求减肥的速度，因为身体进行脂肪代谢需要一定的时间。我们更不应该只注重体重的变化，因为人体的体重包含了脂肪、肌肉、水分、骨骼等的重量，体重值下降，并不代表减肥成功了，短时间内减去的重量可能只是水分和肌肉，对于改善身材没有什么帮助，甚至还有可能因为脱水而导致血液中电解质浓度异常，带来其他健康问题。

减肥应该追求一种健康的生活方式，而不是表面上的体重变化。理性科学的减肥者，要学会弱化体重概念，始终明白自己追求的是如何才能长久地拥有健康的好身材。这才是每一个身材管理者都应该拥有的清醒意识。

“请慢用”里的瘦身学问

法国人在用餐前必向同桌人说“Bon appetit（愿你胃口大开）”，而中国人的传统是说“请慢用”。“慢用”二字很有深意，因为只有美好的东西才值得我们花时间慢慢享受。所以，吃饭应该是一天中最美好的时刻。

可是，都市里的上班族一日三餐又是如何解决的呢？

早上，随便在路边摊买些早点，一边匆匆赶路一边快速吃完；中午，随便叫一份外卖，一边看着电脑或者手机，一边往嘴里扒拉食物；晚上，随便弄点方便食品，几口吃完就倒在沙发上刷手机了。

跟大家分享一些数据：40 年前，人们平均每餐咀嚼 900 ~ 1 100 次，用时 20 ~ 30 分钟；而如今，人们平均每餐仅咀嚼 500 ~ 600 次，用时 5 ~ 10 分钟。

快节奏的生活让吃饭也成了一件赶时间的事情，人们要么尽可能压缩吃饭时间，边走边吃或者狼吞虎咽；要么在吃饭的同时总要干点儿别的事情，刷手机、看电视、打电话，或者和公司同事边吃边讨论工作，或者干脆来个会议餐。难道吃饭就这么浪费时间吗？

吃得太快让你变得更胖

有一项研究发现，吃饭时狼吞虎咽的人变胖的风险比细嚼慢咽的人高出3倍以上。所以，是不是该学着慢慢吃饭了？

从健康的角度来看，吃得太快有两大害处。

1. 吃得太快会让你吃得更多。

你平时都是怎么判断自己有没有吃饱的？大家可能会说，很简单啊，就是看自己还想不想再吃一口。

可是，“吃饱”只是大脑给我们的一个信号。我们的大脑有一个饱觉中枢，它的激活时间大约需要20分钟，也就是说，从胃感觉饱了，到大脑告诉我们饱了，需要20分钟。

同样的一碗饭，如果你细嚼慢咽，用至少20分钟来吃，你就会接收到大脑的信号，知道自己已经吃饱了；如果你狼吞虎咽，只用10分钟就吃完，大脑还没有向你发射吃饱的信号，你会觉得自己还没有吃饱，于是继续吃更多的东西。即使你留给吃饭的时间不多，也会在短时间内往胃里填入过量的食物，或者在放下饭碗后再顺手拿些零食来吃，等到接收到大脑的饱腹信号时，你往往已经吃撑了。

2. 吃得太快会不容易消化，并让身体堆积垃圾。

很多吃饭快的人，会发现自己的饭量越来越大，而且饿得越来越快，这是为什么呢？

我们的身体很难直接吸收固体食物，必须先充分咀嚼，与足够多的唾液充分融合，再通过胃的运转把固体食物转化成液体，才能更好地被身体吸收。咀嚼得越细，吸收率就越高；而狼吞虎咽的吃饭方式，导致食物只能以大块固体的形态进入肠胃，使消化变得困难，且无法被身体吸收，只能变成垃圾残渣排出去。然而，肠胃能够处理的垃圾毕竟有限，那些处理不掉的、排不出去的垃圾就只能储存在身体里。当你吃下更多的固体食物，旧的垃圾还没排净，新的垃圾又加入进来，体内俨然成了垃圾场。

而且，由于没有吸收到足够的营养，身体不断提醒我们继续进食，并且要求我们摄入高能量的食物。因此，我们就会往体内塞入更多的热量，给肠胃造成越来越重的负担，垃圾长久地堆积在体内，身体就会变得越发臃肿。

摆脱饮食焦虑感

我很清楚，很多人即使知道了吃饭快的害处，依然无法摆脱饮食焦虑感，毕竟有那么多的事情在召唤你，你又怎么可能耐着性子慢慢吃完一餐饭呢？

所以，比起强迫自己细嚼慢咽，我们首先需要改变的，是对于吃饭的态度。

吃饭并不是浪费时间，而是给我们的身体和精力提供能量，也是转换心情的时间，让我们在忙碌的生活中得到片刻的喘息，抛开其他一切事情，全心投入吃饭中，用美食来治愈我们的心灵，帮助我们以更好的状态再次回到生活的战场中。

说到享受美食，很多人又会想到“大快朵颐”这个词，而让我们能够联想到这个词的，都是那些重口味的、能刺激味蕾的食物。这些食物通常添加了大量的调味品，不仅刺激我们吃得更多，摄入更多不健康的东西，而且让我们在吃过之后，只记得那些厚重的味道。这样的饮食是毫无益处的，我们无法从中获得真正轻松的心情，反而会因为给身体增加了负担而后悔，内心更加沉重。

那么，怎样才能做到既吃得慢，又能真正享受美食的乐趣呢？

1. 把注意力集中在食物上。

吃饭要专心！暂时放下工作，放下手机，最好坐在餐桌前，增加吃饭的仪式感。把注意力集中在眼前的食物上，充分咀嚼。为了避免无意识进食，教你一个法子，你可以在咀嚼食物的时候，先有意识地放下手中的餐具，这样做可以避免一口还没嚼完就又塞入下一口的无意识行为。

仔细体会食物本身的味道，确保每口咀嚼 30 次左右，并且注意接收大脑传来的饱腹信号。你会发现，那些平时被你忽略的食物味道，原来是如此美味，而且，吃得并不多却有了饱腹感。离开餐桌后，你的身体和心情都会变得很轻松。

2. 要选择吃含膳食纤维多的食物。

粗粮、坚果、水果、蔬菜都是富含膳食纤维的食物，它们不仅耐嚼，不易被囫囵吞下，而且层层叠叠释放出的味道能够帮助我们学会品味食物。很多人之所以不喜欢吃这些食物，往往是因为它们初尝起来并不惊艳，但其实，它们的味道是要通过和唾液完全混合后才能被感受到的，比如粗粮的微甜、蔬菜的清香、坚果的奶香，这些不易察觉的味道都需要至少 30 次的咀嚼后，才会被充分释放出来，我称之为“健康的味道”。这些味道是添加剂所不具有的，感受过这样的味道后，你会爱上这些天然食物，并且在不知不觉间抛弃那些你本以为戒不掉的垃圾食物。

3. 和喜欢的人一起用餐。

无论是同事、朋友，还是家人，只要是和喜欢的人坐在一起用餐，一起享受食物，就能互相配合放慢进餐的速度，拉长用餐的时间。吃饭时不妨聊一聊你正在享用的食物，比如食物是如何制作的，用料怎样更考究，菜式的起源……这些话题都能够帮助你更好地理解食物。而且，通过咀嚼和用餐时的交谈说笑，面部肌群得到锻炼，焦虑、紧张、压力能得到释放，让人真正愉悦起来，这种愉悦感也能帮助身体消化吸收食物，减少消化不良的情况。

4. 学会感恩食物。

瑜伽讲究冥想，其实，进食的过程也是冥想的过程。在进食过程中，我们需要与食物建立连接。此话怎讲呢？举个例子吧。我在香港绿田园有机农场工作时，会直接用农场里的新鲜绿叶菜榨汁喝。第一次喝这么天然原味的菜汁，你一定会当场吐出来，因为实在是太难喝了。在师父的建议下，我闭上眼睛，跟食物做了场对话。我对菜汁说："你的味道那么清新天然，你的营养和能量能让我变得健康，我很感恩能喝下你呢！"然后，再喝菜汁，居然是甜甜的了，一口气就喝完啦！你说神不神奇！所以，如果你真心感受食物，感恩食物，食物真的会散发魔力！

在我们的训练营中，有一段时间我会在每一天都安排正念饮食训练的环节。正念饮食其实就是在刻意地帮助你体会你自己和食物的关系，最明显的变化就是进食的速度变慢，变得更有仪式感，从而让你和腹部的感受产生直接的联系。

提高基础代谢，打造易瘦体质

大家有没有发现，在我们身边总是有那么一小群异类，他们什么都吃，甜点、冰激凌、巧克力、薯片……毫不忌口，完全不在意热量；而且他们吃得还多，饭量是我们的两倍以上；最可气的是，他们怎么吃都不长胖。每次和他们一起吃饭，都让人很有压力，但无论我们怎么旁敲侧击，总问不出多吃不胖的秘诀，似乎他们自己也不知道原因。

其实，你无须责怪老天的不公，不长胖确实有遗传因素，但你也不用灰心，我们每个人都可以通过后天努力，变成多吃不胖的易瘦体质。

打造易瘦体质的关键，就在于提高基础代谢。基础代谢是指人体维持生命的所有器官所需要的最低能量，测定方法是在人体处于清醒而又极端安静的状态下，不受肌肉活动、环境温度、食物及精神紧张等影响时的能量代谢率。基础代谢占一天消耗热量的60% ~ 70%，和食物热效应、活动消耗一起构成了一天的总消耗值。通俗点来说，就是你吃饱了在床上躺着，什么事情都不做，一天下来所消耗的热量值。

在同样的时间内，做同样强度的活动，基础代谢值高的人消耗的能量要高于基础代谢值较低的人。如果你发现自己很容易发胖，即使吃一点点东西也会胖，那你很有可能是基础代谢值偏低的人，这对于保持正常体型来说是一个不利因素。因为你很可能会长期卡在减肥的瓶颈期，即使减肥成功了，今后也需要保持很小的食量来维持减肥成果，否则就很容易反弹。

基础代谢是怎样降低的

要想提高基础代谢，首先需要明白基础代谢是怎样降低的。

1. 长期节食，营养摄入不足。

举个例子，假设你的基础代谢是1 500千卡，但你每日摄入热量1 000千卡，完全低于你的基础代谢值。你的身体为了达到新的平衡，会用器官和肌肉中的蛋白质来弥补不足的热量。久而久之，你的基础代谢会从原来的1 500千卡降到1 000千卡。

2. 长期抑制食欲，导致突然暴食高热量食物。

还是刚刚的例子，你的基础代谢已经降至1 000千卡，这时，你实在忍不住了，一天内吃到了1 500千卡，那么多出来的500千卡就变成脂肪囤积在体内了。长期这样，身体很容易变成喝水都胖的易胖体质。

3. 脂肪多、肌肉少的人，基础代谢不会高。

你可以把基础代谢理解为人体细胞的代谢能力。一般而言，脂肪和骨骼的代谢作用较小，肌肉的代谢作用较大。因此，基础代谢率与肌肉量的多少成正比。

脂肪量高、肌肉量低的人，基础代谢率一般比较低。

4. 情绪和压力导致激素紊乱，也就是内分泌失调。

甲减的人会肥胖，甲亢的人则显得消瘦。甲状腺控制着人体的新陈代谢速度，因此，甲状腺功能低下的首发症状之一就是体重增加，必要时可去医院检查一下。

5. 胰岛素水平居高不下，最终导致胰岛素恶性抵抗。

错误的饮食方式最终导致胰岛素抵抗，身体的脂肪得不到消耗，不知不觉变成了一个少食的胖子，这跟近几年贫困国家肥胖人口飙升的原因是一样的。有专家指出，现代人也许是因为温饱问题得到了解决，想吃的东西随时都能吃得到，从而忽略了食物的营养价值因素，每天摄入的脂肪、糖、盐都有所增加，这就造成了人们饮食结构的不合理，最终导致肥胖人口数量显著增加。

6. 随着年龄增长，人的基础代谢率会降低。

人的基础代谢在婴幼儿时期很高，随后慢慢降低；青春期会再次达到高峰，然后又开始回落。从 20 岁开始，一直到 70 岁，基础代谢值每 10 年降低 1% ～ 3%。如果一个人的食量没有变化，却出现了中年发福的情况，很可能就是因为基础代谢率降低了。

除此以外，疾病、睡眠不足、服用药物、环境污染、体重过轻等因素都会降低基础代谢率。

如何提高基础代谢率

增加肌肉量是提高基础代谢的最佳途径。身体的肌肉比例越高，基础代谢率就越高。相同重量的肌肉和脂肪，前者所燃烧的热量是后者的 3.6 倍。当身体具备了足够的肌肉量，就可以随时随地燃脂了。但需要注意的是，短期内增加的肌肉量不会长期提高基础代谢率，必须将运动的习惯保持下去。

1. 将每天 1 次 1 小时的运动改成 2~3 次的短时间运动。

比如，早上做 15 分钟的力量练习，中午做 15 分钟的力量练习，晚饭后做 30 分钟的有氧运动，这样会比每天 1 次 1 小时的运动消耗更多热量。

2. 高强度间歇训练（HIIT）是非常好的增肌训练。

在高强度运动之间，穿插低强度运动或者稍事休息，这是一种有氧和无氧运动相结合的锻炼方式，且可以不借助任何器械或工具，能够快速燃烧热量。HIIT 训练主要是在运动后期消耗热量，而且消耗的热量主要靠脂肪提供。所以，HIIT 是既增肌又减脂的长效燃脂训练方案！

通常，20 分钟的 HIIT 训练比在跑步机上连续跑 1 个小时还有效。在这里，给大家一个简单的训练公式：1 分钟不间断高强度运动，20 秒钟休息，最少做 6 个循环。

3. 学会利用经期，高效燃烧脂肪。

每当经前综合征带来了情绪波动与肢体肿胀时，你是不是喜欢懒洋洋地瘫在沙发上？这么做就太可惜了，白白错过了最佳瘦身时机。利用好从排卵到月经来潮的这段时间，进行力量训练，就能多燃烧掉 30% 的脂肪。因为在这段时间内，雌激素与孕激素的水平已达峰值，这些激素能够促进肌体消耗脂肪作为能量。

4. 只运动，不注意饮食，肌肉很难打造成功。

蛋白质和铁都是肌肉需要的营养。我们每天需要摄入占总热量 25% ~ 30% 的蛋白质来缓解肌肉的流失。但如果只摄入动物蛋白，就会有胆固醇摄入过量的问题。多摄入植物蛋白，更有利于科学增肌，比如超级食物火麻仁，或者自制无糖的植物奶。

铁的重要性很好理解。大力水手的故事告诉我们，多吃菠菜才有力量。增肌需要含铁的食物。

5. 增肌需要充足的睡眠作为保障。

脂肪的分解、肌肉的合成生长，都离不开充足的睡眠。休息不好，会减弱我们的新陈代谢能力。所以，我们要确保每天 23 点到次日凌晨 5 点这段时间的睡眠，身体器官才会有更好的代谢能力。

当我们掌握了这些方法，离易瘦体质也就不远了。

PART

第 2 章

重新认识糖，换个方式瘦得更快

习惯性摄糖才是你瘦不下来的“真凶”

首先，我必须承认自己是个甜食爱好者。我最喜欢的甜品是胡萝卜蛋糕。在寒冷的冬天里，如果能喝到一杯浓郁的热可可，我会开心好一阵子。

据说，女孩子有两个胃，其中一个是专门留给甜食的，我对此毫无异议。当我把这句话翻译给瑞士和西班牙的女性朋友之后，她们无一反驳，频频点头表示赞同。这充分说明，古今中外大多数女生都酷爱甜食。所以请不用担心，你不是唯一爱吃甜食的个案。

人真的很容易屈服于习惯

几年前，我创业做蔬果汁品牌，当时市面上充斥着各种高果糖的果汁饮料，高糖水果搭配而成的鲜榨果汁也屡见不鲜，却几乎找不到高蔬菜占比、低甜度的蔬果汁产品。于是，我开始用菠菜、生菜、甘蓝、甜菜根甚至苦瓜和青椒搭配水果，推出了个人品牌的轻断食蔬果汁。除此之外，我还研发了很多无糖零食，例如利用低温风干技术制作的蔬果干，用坚果和枣子制作的无糖能量球，用坚果研磨制成的坚果酱等。

我的初衷是为用户的健康着想，并且满心以为用户一定会理解我的良苦用心。但是事实证明，我想得太简单了。小时候，我们听到“良药苦口”的说法，都会不以为然，依然高举双手向大人索要更多糖果。长大以后，很多人似乎仍然无法做出更理性、更健康的选择。

我的产品刚推出时，的确吸引了一批购买者。我把一家蔬果汁店开在了上海的一家大商场里，周围遍布星巴克和网红甜品店。当时的我认为自己是一股清流，颇有些与众不同的自豪感。但是好景不长，店面的销售业绩慢慢降了下来。

从 2012 年开始，上海每年都会举办大型圣诞集市。集市的主办方热情邀请我的蔬果汁品牌参与，起初我也颇为兴奋，但现实并不乐观。在美食云集的集市上，火爆的往往是卖可丽饼、冰激凌、奶茶和甜品的食品摊位，而我的摊位前常有好奇的咨询者，真正购买产品的人却很少。

这说明，人们对健康且新奇的东西很有兴趣，但最终还是会选择好喝又便宜的高糖类食物。

那段时间，很多人劝我从无糖食品行业中抽身，转战网红食品界，利用现成的店铺制作那些令大脑“上瘾”的食物，轻松赚快钱。我当然懂得这个道理，但是我没有忘记自己的初心，心底的信念始终让我无法妥协。

糖是如何损害你的身体的

我知道，要想改变人们根深蒂固的饮食喜好，首先要从认知上着手。为什么我们对健康的饮食理念一直没有足够重视？我相信，那只是因为对于那些好吃却不健康的食品究竟会对身体造成多严重的危害，大众尚未了解。

20 世纪 60 年代，美国遗传学家尼尔提出了“节俭基因”学说。人类的祖先长期生活在食物匮乏的环境中，生产力低下，还经常出现人口过度增长的情况。这些因素共同导致了人类经历过很多饥荒的年代，从而造成了自然选择。那些具有“节俭”能力的人，也就是可以最大限度地将食物转化为脂肪的人，更容易在饥荒中生存下来。这些人就是具备“节俭基因”的人。问题是，这种基因非常不适合稳定富足的现代社会，会让现代人因为过分容易囤积脂肪而患上糖尿病。

“节俭基因”理论或许能够解释为何中国人的糖尿病发病率如此之高。根据 2019 年公布的最新数据，中国 20~79 岁的糖尿病患者人数为 1.16 亿，排名世界首位！

中国当前的糖尿病高发人群，基本都经历过 20 世纪五六十年代的饥荒。他们生存了下来，因此极有可能带有“节俭基因”。但是，如今的食物非常丰富，这就大大增加了这类人罹患糖尿病的可能性。

有人或许会说：“我是年轻人，没有在那个年代生活过，所以应该没事！”但是不要忘了，基因是可以遗传的，祖辈的基因对后代存在干预性。简单来说，我们祖先的基因中缺乏强大的消化蛋、奶和糖的能力，更容易代谢植物性食物。当我们的生活变得更加富足之后，从欧美传入的快餐、碳酸饮料和甜品冲击着我们的饮食结构，而身体对这些食物其实是强烈排斥的。这就是2型糖尿病近年来在我国日渐呈年轻化发作的原因。但人们对糖仍然乐此不疲，浑然不觉糖造成的危害。

在大众的认知中，早已把糖和发胖挂钩了，但糖的危害远在引起发胖的两个指标——脂肪和热量之上。除了发胖，糖还会引发代谢功能障碍和各种慢性病。除此之外，糖尿病会显著加速人的衰老。事已至此，我们必须重新认识糖。

”

糖为何令人如此着迷

为什么那些让人欲罢不能的网红食品都是甜的？有人可能会用网红鸡翅或者肉松蛋糕来反驳：这些食物明明是咸的。然而事实是，如果没有高糖搭配高盐的配方，这些食物不可能对味觉产生如此强烈的刺激。网红蛋糕和奶茶自不必说，它们是高糖美食的典型代表。即便你自以为很克制地点了一杯“无糖”奶茶，也不要奢望能从中喝到健康。

糖之所以如此吸引人，是因为当人体摄入糖之后，大脑会分泌令人感到愉悦的成分，例如多巴胺等。在生活中，很多行为都会促进大脑分泌多巴胺。其中有些是健康的行为，例如听音乐、谈恋爱和做运动。但不可否认的是，一些不健康的行为会更快捷地促进大脑分泌多巴胺，例如吸烟和喝酒。当然，还有吃高糖食物。

糖的成瘾不是一次性的，而是需要多次累积。在我小时候，由于生活水平的限制，只有在过生日和过年的时候才能吃到糖。那时，含糖的碳酸饮料、蛋糕和珍珠奶茶并不存在。少量、偶尔地摄入糖，身体能轻而易举地将其代谢掉。可一旦摄入糖分变成了日常行为，身体无法代谢过剩的糖，而且最终还会导致糖上瘾。

大家一定都认同这样的一个道理：毒品会危害人的一生。但是你并不知道，大脑对糖的成瘾反应，与毒品上瘾者的大脑对毒品的觉知反应非常相似。世界卫生组织曾调查了 23 个国家人口的死亡原因，得出结论：糖的危害甚于吸烟。美国权威专家在《自然》杂志上公开提出："糖就像烟草和酒精一样，是一种有潜在危害且容易上瘾的物质，摄入多了如同慢性自杀。"

毒品的成瘾表现非常强烈，能够直接且迅速地损害人们的身体。糖的成瘾性虽然不会表现得那么强烈，但你不得不承认，如果喜欢吃甜食，就无法轻易戒掉。你相信吗？戒糖，一点也不比戒毒简单。这并不是危言耸听。

减糖，任重而道远

目前，很多国家都呼吁减少高糖食物消费。英国甚至通过了征收糖税的法案，希望以此减少糖尿病患者的数量。2013 年，纽约市长布隆伯格试图在纽约市内推行禁止销售超大杯含糖饮料的政策，但是被法院驳回了。

以上这些事情说明，政府已经意识到了糖的危害，但糖类企业太过强大。《纽约时报》在 2015 年曾经报道过，某家全球知名饮料公司从 2008 年开始，向科研机构、非营利组织提供了大量资金，以证明和宣扬全球日益严重的肥胖问题是缺乏运动导致的，与含糖饮料并无直接关系。在巨大的利益面前，此类谎言从未停止。

具有讽刺意味的是，这些品牌总热衷于利用影视和运动明星来宣传自己的产品，通过这些明星完美的身材来掩盖高糖饮料的负面作用。但是任何一个明星都明白，如果他们想要继续开拓光鲜亮丽的事业，高糖食物一定是不可触碰的禁忌。

看了这些，你是不是感到有些恐惧，想要把家里的含糖食物统统丢掉？其实大可不必。我和很多人一样爱吃甜食。那么，如何做到不受糖的控制，与糖和平共处？如何提升身体对糖的灵敏性，以便拥有良好的身材和充沛的精力呢？接下来，我会手把手地教你如何阶段性减糖。不惧糖分的自由人生，即将开启。

打着“无糖”旗号的隐形糖类

在减糖之前，我们要先认识一下什么是糖。糖的存在形式远比普通人想象得复杂，并非只有眼见的糖才是糖。我有一个学员自称从小就不爱吃甜品，只喜欢喝不加糖的黑咖啡，喝奶茶也永远不加糖。在她看来，自己的生活方式超级健康，和“糖”简直一点关系都没有。但是参加 21 天减糖训练营后，她的认知被颠覆了。在这个过程中，她体会到了很多意想不到的痛苦。

事实上，像她一样自认为生活中完全无糖的人，在毫无察觉的情况吃下的“隐形糖”，并不比有形的糖少，甚至可能更多。这听起来是不是有点奇怪？没关系，接下来，不妨和我一起深度了解一下糖的各种演变形式，让生活中看不见的糖无处遁形。

在此，我们要澄清几个常见的认知误区。

糖都是甜的吗

糖类在自然界中广泛存在，人们日常食用的食物中也含有糖。其实，糖还有一个很常见的名字，叫作碳水化合物。淀粉就是碳水化合物的一种。馒头、面条、米饭等主食中含有大量淀粉，我们在咀嚼时，口腔中的唾液腺会产生唾液淀粉酶。在唾液淀粉酶的作用下，淀粉被水解成麦芽糖，因此我们在吃主食时会尝到甜味。除此之外，玉米、土豆、红薯中也含有大量的淀粉。所以，就算你不是甜品爱好者，也可能因为食用过多主食而摄入超标的糖分。

红糖、黑糖、冰糖比白砂糖更健康吗

蔗糖包含白砂糖、红糖、黑糖、黄糖和冰糖。也可以这样说，以上这些不同称谓的糖，都来自甘蔗。其中白砂糖最常见，是现代工业大量生产的甜味剂。

红糖是甘蔗经过榨汁后初步提纯的产物，有些红糖甚至省去了提纯的步骤，所以又叫原蔗糖。因为没有经过精炼、提纯和加工，所以红糖中保留了更多的甘蔗纤维。在高温处理时，红糖会产生焦香味，同时呈现出红棕色。

黑糖比红糖的加工方式更简单，减少了脱色步骤，颜色更深。

如果在甘蔗榨汁之后进行结晶操作，最终会得到大块的晶体状产物，这就是冰糖。冰糖中的杂质进一步降低，甜味更纯正。根据结晶工艺和所含杂质数量的不同，冰糖又细分为晶莹剔透的白冰糖和看起来更“天然”的黄冰糖。

这些糖的质量并无明显差别，如果追求原汁原味，不如直接吃甘蔗。所以，从健康的角度来看，红糖、黑糖、冰糖和白砂糖本质上是一样的，几乎没有差别。

咸的食物就真的不含糖吗

如今，工业化程度越来越高，人们的饮食越来越复杂，糖的使用量也越来越大，所以并非不吃糖就可以规避糖。无论你是否经常进厨房，想必都听说过一个时髦的词——美拉德反应。

请你回想一下这些场景。在烤肉上刷一点蜂蜜，再把肉放在烤盘上，肉片在高温下发出“滋啦滋啦”的响声，散发出妙不可言的香味；在鸡块中加入盐、糖、生抽，搅拌均匀，再将油锅烧热，向锅中放入鸡块，厨房里顿时充满了令人陶醉的气息。这就是神奇的美拉德反应，能为食物增添色、香、味。这种反应的本质是还原糖和蛋白质或氨基酸在高温下发生的化学变化，能够产生诸多风味物质。缺少了糖，反应就无法顺利进行。

除此以外，超市里的咸味零食的配料中几乎都含有白砂糖或者果葡糖浆。这些成分能够增加零食对味觉的刺激，目的是让人产生重复购买的欲望。沙拉酱汁也是糖的重灾区，因为没有商家愿意冒险去掉酱汁中的秘密武器——糖。传统的酱油和醋也许会采用无糖配方，但是为了迎合人们的味觉，大部分的调料里都添加了白砂糖。所以在咸的食物中，糖一点都不少。

甜味剂就比糖健康吗

很多人认为，“无糖”就等于“不加糖”。但是在商家的定义中，无糖的意思只是不额外添加白砂糖而已，仍然会大量使用其他甜味剂。如果你吃了很多“无糖食品”，但是并没有瘦下来，这丝毫不奇怪。

天然甜味剂和人工合成甜味剂都是糖类的代替品，“无糖食品”中使用的就是这些添加剂。根据我国现行的《食品添加剂使用标准》中的规定，糖精、阿斯巴甜、甜菊糖、麦芽糖、安赛蜜、木糖醇、罗汉果甜苷等，都可作为甜味剂用于面包、糕点、饼干、饮料、调味品等食品中。

这些甜味剂比糖健康吗？答案是否定的。美国得克萨斯大学曾进行过一项历时 12 年的试验。科学家们选取了 474 个人，将他们分为 A、B 两组。A 组成员每天喝零度可乐，B 组成员每天喝水、果汁和普通可乐。12 年后，对比两组成员的腰围，结果令人吃惊：喝零度可乐的 A 组成员的平均腰围远超 B 组。

由此可见，甜味剂并不比糖健康。肠道里有些菌群负责把食物转换成能量、再把能量转变为脂肪，而甜味剂会使这些菌群大量繁殖。也就是说，甜味剂会干扰消化系统，使脂肪更容易堆积。同时，甜味剂会提高身体的“耐糖性”。这就意味着如果经常摄入甜味剂，会让人觉得食物总是不够甜，从而吃下更多的甜食。而且，甜味剂更容易成瘾，国内外有大量喝零度可乐上瘾的真实案例。有些人把零度可乐当水喝，进而形成了饮料型脱水体质。

请你想一想，你的日常认知中是否包含以上这些误区？所以，请不要再抱怨“为什么明明不爱吃糖却仍然瘦不下来”了。**要减糖，就要严格控制所有形式的糖类摄入。**

“健康”的糖真能带来健康吗

我们对于糖的依赖，在出生的时候就已经根深蒂固。大多数人一生中品尝到的第一种食物是母乳，而母乳的主要成分就是乳糖。虽然亚洲人在离乳之后分解乳糖的能力不太好，但大脑中的乳糖奖励机制仍然存在，导致我们无法抵挡糖的诱惑。这就是我们对糖总有一份矢志不渝的热爱的原因。

●●●

我们究竟需要多少糖

●●●

糖已经成了人类日常饮食中的一个重要组成部分，并且所占比例还在不断上升。市面上的加工食品，几乎都含有天然糖或人工添加的糖。

世界卫生组织营养促进健康与发展司司长弗朗西斯科·布兰卡博士说：“从

营养角度来说，人类的饮食中并不需要额外添加任何糖。”世界卫生组织推荐的每日糖摄入量是每日总能量需求的 10%，如果为了改善健康水平，则需要将糖的摄入量降低到每日总能量需求的 5%。

每日总能量需求的 10%，到底意味着是多少糖呢？

对于从事轻体力劳动的成年女性来说，每日摄入的总能量推荐值是 1 800 千卡，10% 就是 180 千卡，相当于 45 克糖。45 克糖听起来好像不少，但是把这些糖放进食物中，却很不起眼。喝一瓶 500 毫升的可乐，就相当于喝下了 52.5 克糖，已经超过了世卫组织的推荐摄入量。如果要求更严格一些，把糖的摄入量限制到每日能量需求的 5%，也就是 22.5 克，半杯奶茶就超标了。

因此，想要长期将每天的糖摄入量控制在摄入总能量的 5% 以内，其实不是一件容易的事。有人说，我不喝任何含糖饮料，只喝果汁，这应该很健康了吧。事实真的是这样吗？

认识那些“健康”的糖

我们已经了解了糖分摄入过多的危害，但是谈论的大多是经过加工得到的糖类，例如蔗糖家族成员白砂糖、冰糖、黄糖、红糖和黑糖，以及各种人工合成甜味剂等。但是在自然界中，糖类还会以另一种形式出现，这就是游离糖。游离糖有很多种，最常见的有蜂蜜、各种糖浆以及果汁中的天然果糖，这些糖往往被我们认为是健康的。

2016 年，世界卫生组织呼吁各国降低糖消费量，以缓解在全球蔓延的肥胖、

2 型糖尿病以及蛀牙问题。在世界卫生组织的声明中，对糖的定义不仅指食物中额外添加的白砂糖，还纳入了各种游离糖。目前，市面上出售的绝大多数果汁饮料中都有大量游离糖，一些添加了蜂蜜的茶饮料中的游离糖含量也相当可观。因此，我们一定要对游离糖有清醒的认识。

下面我们分类来详细说明。

◎ 蔬果汁 ◎

简单来说，如果果汁的配方是浓缩果汁加水，就等于满满的果糖；如果是非还原浓缩果汁，意思是把果汁进行加热灭菌处理，本质仍然是果糖。相对来说，最好的选择是使用 HPP 高压灭菌技术制成的果汁，但这种技术过于昂贵，导致此类果汁价格普遍偏高，而且市面上很少见。

长话短说，健康果汁的优劣排序是：鲜榨蔬菜汁 > 鲜榨蔬果汁 > 冷压蔬果汁 > 高压灭菌蔬果汁 > 高温瞬时灭菌蔬果汁（非还原浓缩汁）> 还原浓缩果汁 > 果汁饮料。总之，保质期越短越有营养，保质期越长就越接近糖水，除了甜，营养价值并不高。

◎ 蜂蜜 ◎

成熟蜂蜜的含糖量超过 75%。如果每天食用两汤勺蜂蜜，摄入的糖就轻松超过 18 克。天然蜂蜜中虽然含有淀粉酶、蔗糖酶、蛋白酶等对人体有益的成分，但是含量很低，所以千万不要迷信它的保健功效。蜂蜜能对肠道起到润滑作用，可以在一定程度上缓解便秘，但它带来的副作用更加明显，那就是长胖。我在前面已经解释过，被吹嘘成健康食品的红糖和黑糖，与白砂糖的性质毫无区别，只是矿物质的含量多了一些。蜂蜜也是如此，含有大量的游离糖。习惯用蜂蜜缓解便秘的小仙女们，不如多吃一些富含膳食纤维的蔬菜，效果更好。

◎ 乳酸菌饮品 ◎

在乳酸菌饮料和酸奶的包装上，经常能见到“补充益生菌”的宣传口号。但是它们普遍存在糖分过高的问题，含糖量通常在 15% 以上。这就意味着，喝下一瓶 340 毫升装的乳酸菌饮料或酸奶，就会摄入 51 克糖，远远超过 22.5 克的糖分推荐摄入量。

◎ 冲剂饮品 ◎

很多代餐奶昔、芝麻糊、核桃粉中都含有大量的玉米糖浆、果葡糖浆和麦芽糖。这类糖浆制品比蔗糖类食品的甜度更高，对血糖的影响更大。因为这类原料成本很低，所以被商家广泛使用。在购买前，大家请一定要看清配方，不要因为看上去不含白砂糖就盲目选择。在欧洲，如果某种食品用大量麦芽糖代替蔗糖，那么外包装上都会注明“不额外添加糖”。这句话其实非常误导人，因为该食品仍然非常甜，而且碳水化合物含量极高，甚至高过普通的蔗糖类零食。

看了这些内容，是不是感觉触目惊心？要想减糖，我们不但要戒掉常见的白砂糖和麦芽糖制品，还要远离游离糖和甜味剂。在减糖初期，我们可以使用香蕉、菠萝、苹果等含糖水果作为糖类代替品，也可以适量食用蜂蜜。虽然这些代替品的含糖量同样不低，但是好在富含膳食纤维，糖的吸收速度相对较慢，能保持身体的激素水平，帮助情绪稳定，不至于令人心生烦躁，在减糖初期就败下阵来。

坚持“低碳水化合物 + 低 GI”的饮食原则

除了要戒掉糖制品和代糖制品以外，还要减少白面包、米饭和面条这类主食的摄入。为什么要跟主食过不去？传统中主食至上的金字塔膳食结构到底存在什么问题？

我们要学会的一个重要技能，就是用碳水化合物含量配合 GI 值来选择食物。在这个标准下，脂肪、蛋白质、热量都不是重要的考量因素，低碳水化合物和低 GI 才是重点。

什么是“低碳水化合物 + 低 GI”饮食

首先要明确一点，我们需要减的“糖”，就是“碳水化合物”。但是离开碳水化合物，我们是无法生存的。如果完全拒绝碳水化合物，会造成血糖值过低，出现低血糖综合征。大脑和肌肉得不到基本的能量，就无法集中精神学习和工作，情绪也会变得焦躁，甚至出现抑郁症状。

所以，减糖并不意味着戒掉所有含碳水化合物的食物。我们日常食用的食物，其基本成分几乎都是碳水化合物、蛋白质和脂肪，只是各个部分的比例不同。人类可以吸收的碳水化合物可以进一步细分为两种，一种是单一碳水化合物，另一种是复杂碳水化合物。

白面包、米饭这样的淀粉类主食和精制加工的糖类，就是单一碳水化合物。在加工的过程中，农作物中原有的膳食纤维都被去掉了，留下的是最容易被身体吸收的单糖和二糖，所以转化成葡萄糖的效率很高，能够迅速给身体提供能量。但是缺点在于，如果摄入了多余糖分，同时又缺乏运动，身体就会将这些糖分作为脂肪储存起来。

糙米、燕麦等杂粮类食物，西蓝花、花椰菜、萝卜、橙子等蔬果，则是复杂碳水化合物。它们不但含有碳水化合物，同时含有大量膳食纤维。和单一碳水化合物的迅速升糖效果不一样，复杂碳水化合物中富含的膳食纤维会让消化过程变慢，血糖上升的速度也相应地变慢了，而且能维持更长时间的饱腹感。

食物在消化过程中的血糖上升指数，就是 GI 值。食用高 GI 食物时，血糖会快速升高。为了使血糖保持在正常值，人体便要大量分泌胰岛素，以抑制血糖上升。胰岛素会使血糖下降，没有完全转化为能量的葡萄糖就只能变成脂肪堆积在体内。血糖降低的速度过快，还会造成饥饿感。于是，高 GI 食物会使我们陷入“总是在吃”的恶性循环，不知不觉中储存更多的脂肪。

低 GI 食物的消化过程相对较慢，让血糖维持在稳定的状态，能带来更长时间的饱腹感，不会让人囤积过多脂肪，也就不易使人发胖。

那么，低 GI 食物都有哪些呢？我们可以简单地进行分类：含膳食纤维的复杂碳水化合物属于低 GI 食物，而那些深度加工、不含膳食纤维的单一碳水化合物就属于高 GI 食物。毫无疑问，低 GI 食物对我们的健康更有利。

所以，我们可以建立一个食物黑白名单。

米饭、白面包、糖果和蛋糕，当然要放入黑名单；糙米饭、黑米饭、杂粮饭、小米粥、全麦面包和新鲜的蔬菜水果，则要放进白名单。多吃白名单里的食物，就能让我们在吸收足够碳水化合物的同时保持健康。

为了让大家对常见食物的 GI 值做到心里有数，我做了一张表格（表 2-1），大家可以参考一下。一般来说，GI 值大于等于 70 的为高 GI 食物，GI 值在 56~69 之间的为中 GI 食物，GI 值 55 或者以下为低 GI 食物。

表 2-1　常见食物 GI 值

水果蔬菜	GI 值	五谷杂粮	GI 值	肉类及其他	GI 值
苹果	36	米饭	84	鸡肉	45
橘子	43	面条	68	猪肉	45
香蕉	55	馒头	85	牛肉	46
梨子	36	糙米	46	羊肉	45
橙子	31	燕麦	55	鱼肉	40
西瓜	72	小米	71	虾	40
白菜	15	玉米	70	鸡蛋	30
茄子	25	意面	65	全脂鲜奶	30
青椒	26	吐司面包	91	奶油	30
菠菜	15	全麦面包	50	饼干	77
番茄	30	豆腐	42	冰激凌	65
土豆	90	毛豆	30	巧克力	91
南瓜	65	花生	22	薯片	85

低 GI 饮食三大原则

1. 选对主食。

随着生活水平的提高，主食变得越来越精制，GI 值也变得越来越高。因此，我们应当把这些精细的食物统统替换成“古老主食”。所谓古老主食，就是小米、黑米、玉米、糙米、南瓜、红薯这类粗粮。

当然，你也可以把面包作为主食，但是请选择无油无糖的全麦面包。全麦面包只用酵母、全麦面粉和水发酵制成，适量加入坚果和水果干调味，不加巧克力、奶酪、黄油、精制糖、奶油等成分。这些添加剂简直是炸弹，一定要远离！

2. 主食搭配高膳食纤维蔬菜和富含蛋白质的食物。

有人说，自己一直和家人一起吃饭，要照顾大家的饮食习惯，无法自行选择低 GI 食物，所以不得不吃米饭和面条。在这种情况下，应该如何实施低 GI 饮食法呢？答案是在吃主食的同时，搭配食用高纤维的蔬菜和富含蛋白质的食物。蔬菜和蛋白质可以平衡多余的碳水化合物，抑制血糖快速上升。多吃些西蓝花、番茄、菠菜、茄子等蔬菜，可以让你在吃米饭和面条时少一些罪恶感。但是，更重要的是减少食用米饭和面条的量。

3. 自己动手做低 GI 点心。

对很多人来说，很难完全戒掉甜点。既然如此，我们就可以自己动手，做一些不容易使人发胖的甜点，既可以满足胃，又保证了健康。

普通甜点的成分通常是面粉、糖和奶油，这些都属于超高 GI 值的食物。我们可以用全麦面粉或者巴旦木粉、亚麻籽粉、椰子粉等代替面粉；把精制白砂糖换成香蕉、芒果、红枣等同样很甜但 GI 值比较低的甜味剂代替品；用椰奶或者腰果奶代替奶油。这样一来，健康甜点就大功告成了！我保证，这样的甜点你一定会喜欢。

其实，**所谓的减糖饮食，就是将单一碳水化合物放进黑名单中，转而食用复杂碳水化合物，坚持低 GI 饮食。**如果能调整饮食结构，相信你不久以后就能明显感到饿感降低、排便通畅、体重变轻、精力充沛。

由浅入深的阶段性减糖方案

我是一个热爱甜品的人。虽然作为营养师和瑜伽师，我深知糖的害处，但我和大家一样，没有勇气对糖说不。如果完全不吃甜食，生活该是多么无趣啊！但是过多摄入糖分，对人体的确是有害无益的。

谁是变胖的元凶

我对当下流行的饮食方法进行过深入研究。因为我长期生活在西班牙的地中海小岛上，屡次问鼎全球最佳饮食法的地中海饮食，便成了我的日常饮食。经过对比和总结，我发现所有健康的饮食方法都指向了一个共同认知——多食用碳水化合物，身体就会出问题；与之相比，摄入脂肪的危害却小得多。这意味着，从理论上来说，你可以吃很多奶油、鸡蛋、奶酪、酸奶和肉，如果不与淀粉、糖混合食用，不但不会长胖，还可以变瘦！

1984 年的美国《时代周刊》曾用头版头条来鼓吹脂肪的危害。从那一年开始，美国人推崇减少脂肪摄入，用淀粉和糖来代替。那时的“饮食金字塔”通常把米饭、面条、面包等主食放在最底层，强调日常饮食中应当多吃含碳水化合物的食物。脂肪则位于金字塔的顶层，是最需要严格控制摄入的成分。也是从那时开始，人类进入了肥胖流行的年代。

30 年后，也就是 2014 年，《时代周刊》再次推出了颠覆认知的封面——吃黄油时代。此时，科学家们已经认识到，“脂肪令人变胖”是个伪命题。当所有人都以为低脂肪饮食可以减肥时，人体的新陈代谢却被扰乱了，使得身体愈发肥胖。如今，人们不再谈脂肪色变，黄油、椰子油、橄榄油、亚麻籽油、牛油果油甚至深海鱼油，都成了健康的代名词。

如今，减糖饮食方法正在全球流行。**我们要明确一点：令人变胖的元凶不是脂肪，也不是热量，而是糖。正因为过多摄入了含各种糖类和超高 GI 值的加工食物，人们才在变胖的路上一路狂奔。**

过多食用奶制品，也会使人发胖，其原因是奶制品中含有乳糖，而乳糖也是糖的一种。亚洲人的肠道中普遍缺乏分解乳糖的乳糖酶，因此乳糖不耐受的比例极高。这些无法分解的乳糖会变成脂肪囤积在体内，使人变胖。

要想变瘦，变得更健康，就要减糖！只要坚持低碳水化合物和低 GI 饮食，就可以轻松达到身体的最佳状态。那么，碳水化合物含量和 GI 值要低到什么程度才算合格呢？这个问题需要分四个阶段来说明。

阶段性减糖原则

◎ 第一个阶段：自由碳水化合物阶段 ◎

在这个时期，只需要戒掉含糖制品和糖，对其他富含碳水化合物的食物，例如米饭、面条、面包等主食并不作限制。这个阶段最容易实现，是开启下一个减糖阶段的敲门砖。出于抗衰老和控制体重的目的，你也可以将这个阶段的要求作为长期坚持的饮食原则。

◎ 第二个阶段：较低碳水化合物阶段 ◎

第二个阶段相对严苛，即保持较低碳水化合物饮食状态。除了要戒掉含糖制品和糖以外，还需戒除米饭、面条等精制碳水化合物类主食。对日常离不开主食的人来说，这个阶段略显煎熬。但是，你可以用荞麦、藜麦、小米、黑米、糙米、玉米等粗粮和饱腹感强的红薯、南瓜、土豆等根茎类蔬菜来代替精制主食，可选择的食材仍然相当多。如果在自由碳水化合物阶段，你的身材没有非常明显的改变，那么这个阶段会给你带来惊喜。在这个阶段，因为根茎类食物和粗粮中的碳水化合物含量并不低，所以你的身体不会有明显的不良反应，头晕、精力不集中、饥饿等症状几乎不会发生，排便也会变得更加通畅。根茎类食物和粗粮都属于低 GI 食物，所以这样的饮食方案可以长期乃至终身实施。

◎ 第三个阶段：严苛碳水化合物阶段 ◎

第三阶段更加严苛，即完全的低碳水化合物饮食状态。要戒掉含糖制品、糖、精制碳水类主食，还需戒掉豆类和根茎类蔬菜，以及含糖量高的水果（例如香蕉、苹果、梨、橙子、菠萝等）。此时能选择的食物不多了，但是你不用恐慌。当你可选择的食物变少时，意味着那些能吃的食物可以不限量地吃到饱为止。你不必担心肠胃“闹饥荒”，可以安心享受食物。当你掌握了一些烹饪此类食物的技巧时，还可以把健康食材做出超赞的风味。

◎ 第四个阶段：生酮饮食阶段 ◎

第四阶段，就是鼎鼎大名的生酮饮食阶段。在这一阶段，利用脂肪来取代葡萄糖的功能，从而使身体迅速减掉脂肪、降低体重。生酮饮食需要戒掉所有含糖制品、糖、精制碳水化合物主食、豆类、根茎类蔬菜和水果，只吃地面上生长的蔬菜、肉类、海鲜、油脂、奶酪和坚果。比完全低碳水化合物阶段更严苛的是，在这一阶段，每天最多只能摄入 20 克碳水化合物。这就意味着在每天的饮食结构中，碳水化合物占 5%，蛋白质占 15%~25%，其余均为脂肪。要严格执行这样的饮食，直到身体达到生酮状态，用脂肪来代谢脂肪。（注意：这种方法在短期内就能够起到减轻体重和调节胰岛素水平的作用，但是不建议长期实施，也不建议在没有专业指导下自行尝试。）

上面提到的各个阶段，其要求和功效都是递进的。不吃精制主食和糖的人，在体重和其他方面的变化会比单纯不吃糖的人更显著，而坚持严格生酮饮食方法的效果最为明显，但是生酮饮食不建议长期实行，要根据身体状态并遵循医嘱来进行。因为，作为人体必需的三大营养素之一，碳水化合物不能完全戒除。如何游刃有余地进行低碳水饮食，既感受到身体的积极变化，同时将不适感降到最低；如何由浅入深地减糖，再从严格减糖转变成弹性减糖，这些都是我们未来学习的重点。

PART

第3章

为减糖量身打造的轻断食方案

选择适合自己的轻断食方案

断食，是减糖瘦身的最佳拍档。但是，完全断食不利于身体健康，最好的选择是轻断食。很多人学习了不少理论，但是仍然不知道该如何开始轻断食。接下来，我会基于自身的经验，帮你开启一段美妙的轻断食之旅。

我曾经做过若干次蔬果汁断食，进行过为期 7 天的枫糖浆配柠檬汁、辣椒粉的大师排毒法，也曾尝试过纯绿色蔬菜汁、酵素粉、椰子水和生食断食等多种断食法。我的排毒训练营、21 天瘦身训练营，全部都是以断食配合各种饮食来做的，效果惊人。

在这里，我将毫无保留地与热爱健康生活方式的你分享这些经验。

给你的轻断食一个理由

首先，你要明白自己为什么而轻断食。是为了减重，还是为了塑形？是为了排出宿便，还是为了缓解疲劳？是为了皮肤变好，还是为了补充营养？或者只是因为好奇而断食？理由很重要，因为一个恰当的理由才能让你坚持下去！

很多人开始断食，是因为看重断食对身材的改变，但我认为，比这一点更重要的是，断食具有排出毒素的作用。坚持断食，能够让你的思维变得更敏捷，睡眠质量变好，皮肤也会变得更细腻。

断食期间，如果用智能体重秤测量身体指标，会发觉肌肉量下降了，这是正常现象。在非断食期间，我们可以通过增加运动量来平衡肌肉减少的问题。需要注意的是，这一时期应当选择慢走、慢跑、拉伸、瑜伽等舒缓的运动，不建议进行剧烈运动。

选择适合自己的断食方式

断食方式有很多，我着重介绍两种相对靠谱、有效的断食法：16 ∶ 8 间歇性断食法和蔬果汁断食法。

◎ 16 ：8 间歇性断食法 ◎

所谓的16 ：8 间歇性断食法，就是把24 小时分割成16 小时和8 小时。其中的16 小时不吃东西，也就是断食，其余的8 小时正常饮食。你可以选择12 ：00~20 ：00 点作为进食时间，这意味着不吃早饭；也可以选择8 ：00~16 ：00 作为进食时间，这意味着不吃晚饭。

根据我的经验，16 ：8 的间歇性断食法减重效果最稳定，也最容易操作，可以长时间坚持。

使用间歇性断食法时，最好坚持2 周以上，且固定16 ：8 的时间表。如果今天进行了间歇性断食，明天又恢复了正常饮食，后天再进行间歇性断食，就是无效的。同样，今天选择断早餐，明天改为断晚餐，也是无效的。间歇性断食中最关键的要素就是饮食的节奏，如果节奏经常变化，身体就会认为你的饮食不规律，胃酸分泌也会变得不正常，随之而来的是胃痛、厌食、暴食等不良后果。

◎ 蔬果汁（昔）断食法 ◎

蔬果汁断食法是当下最受欢迎的断食法之一，它不但能减重，还有很好的排毒效果。蔬果汁断食法有三个要点：首先，要使用好的榨汁机；第二，要保证蔬菜的高占比；第三，每天要喝够2 升蔬果汁。

那么，问题来了，什么样的榨汁机才符合要求呢？在这里，我为大家讲解一下选择榨汁机的标准。常见的家用榨汁机有三种：

第一种是离心榨汁机，这种机器的特点是转速极快，可以把整个水果放进去，快速制成果汁。很多街边的果汁店使用的都是这样的榨汁机，榨出的果汁泡沫很厚，很快就会氧化、变色、分层。

第二种是慢速螺旋榨汁机，国内知名的小家电厂商都生产这种机器，但一般叫原汁机。它的特点是转速慢、噪音小，价格虽然有点小贵，但榨出的果汁泡沫少，氧化速度慢。

第三种就是我之前提到的专业冷压榨汁机，它们普遍被大型餐饮店采用，价格十分高昂。

综上所述，建议大家在家里制作蔬果汁时，可以选择原汁机，但最好现榨现喝。

制作蔬果汁时，建议使用蔬菜和水果的比例是 1 ： 2。如果可以接受蔬菜的口味，那么可以进一步加大蔬菜的比例到 1 ： 1。要选择出汁率高的蔬菜，例如黄瓜、西芹、青椒、菠菜、羽衣甘蓝、甜菜根、紫甘蓝、胡萝卜、番茄等；水果可以选择苹果、梨、橙子、菠萝、香瓜、葡萄柚、柠檬等。除了蔬菜和水果之外，还可以加入用来调味和增加排毒功效的“超级食物”，如生姜、姜黄、薄荷叶、罗勒叶等。当然，你也可以根据实际情况，加入其他蔬果。

采用蔬果汁断食的时间很灵活，我建议不少于 24 小时，最多可以持续 7 天。

蔬果汁断食法中有一种经典的 5 ： 2 断食法。具体做法是，在 1 周内选择不连续的 2 天，每天做 24 小时的蔬果汁断食，每天保证摄入 2 升蔬果汁，完全不吃其他食物，其余的 5 天正常饮食。这种断食法每周都可以进行，时间选择非常灵活，适合工作忙碌又需要社交活动的都市人群。

如果能轻松完成 24 小时的蔬果汁断食，且有迫切的排毒或减重需求，那么就可以挑战一下自己，尝试连续 3 天断食了。我们的身体完成一次细胞迭代和组织器官的重启需要 72 小时，因此坚持轻断食 72 小时后，身体改善的趋势会非常明显。

断食期间，除了饮用蔬果汁外，还可以食用蔬果昔。

接下来，我来说一下蔬果汁和蔬果昔的区别。

蔬果昔是用破壁机或高功率搅拌机制作的，保留膳食纤维，可以长期食用，也可以用来当作早餐。蔬果汁是用榨汁机制作的，其原理是用天然植物的汁液冲刷肠道，刺激毒素排出，改善亚健康的身体状况。如果用做家务来打比方，那么喝蔬果昔是扫地，可以每天进行；喝蔬果汁断食是拖地，不必每天都做，但是每做一次，效果能够保持一段时间。

轻断食的准备期和恢复期

很多人在开始轻断食时，会陷入一个误区：我今天不想吃饭，那么就把这天定为断食日吧。这样的做法是非常不可取的！还有一些抱怨断食效果不好或者损伤肠胃的人，往往在断食前大吃大喝，断食结束后又马上报复性进食。断食不能是心血来潮的决定，需要循序渐进的准备期和结束断食后的恢复期。这样不仅能帮助肠胃适应断食并且重新适应正常饮食，还可以让排毒效果更持久。

轻断食的准备期和恢复期应当各为断食时间的一半。也就是说，如果计划进行为期 24 小时的轻断食，则需要在断食前后各半天进行轻食，或者食用流质、半流质食物，例如沙拉、无糖低盐的米粥或者蔬果昔等。如果进行 72 小时的轻断食，在开始前的一天半和结束后的一天半时间里，也需要进行相应的准备和恢复。

如何缓解断食期间的饥饿感

有人不敢开始进行轻断食，或者在断食开始后半途而废，往往是因为担心耐不住饥饿。要知道，断食一定会令人感觉饥饿，但需要分清是真饿还是假饿。真饿是胃发出的信号，假饿是大脑发出的信号。

大多数人都习惯了一日三餐，所以在断食初期会感觉饿，这是非常正常的。饥饿感通常会在48小时内逐渐降低，因为蔬果汁中含有很多营养，所以身体会满足于蔬果汁带来的营养补充。但是，大脑并不满意，它会因为缺乏咀嚼固体食物和食物通过消化道分解等消化过程，认为人体并没有进食，从而发出饿的信号。

解决饥饿感，有以下几个方案：

1．增加咀嚼。

可以进行叩齿，也就是空咀嚼，让大脑认可这个咀嚼过程。还可以将直接吞咽蔬果汁，改为边咀嚼边下咽，这样也可以起到欺骗大脑的作用。

2．多喝水。

只喝蔬果汁，胃里会感觉空荡荡的。因此在喝蔬果汁的同时，需要喝足量的温水或者淡柠檬水，用来增加饱腹感。

3．分散注意力。

以我的经验来看，在工作日断食更容易坚持下来，而在休息日断食则很容易感觉饥饿，导致前功尽弃。这是因为当你无所事事的时候，你的思维只关注“我在断食，我没有吃饭”这件事，因此会越想越饿。所以，选择在忙碌的日子里断食，一边工作一边饮用蔬果汁，就不会感觉饿了。非但如此，由于蔬果汁会让消化变得简单，无须过多血液供给胃辅助消化，因此大脑会变得更清晰和活跃，记忆力也会提升。

轻断食期间的不适反应

轻断食有很好的排毒效果，但是过程中会出现不适反应。有些人看到不适反应却不明白其中的原理，误以为自己的断食方法错了，甚至中途放弃。所以我要在此对不适反应做一些解释，让你在断食时做好心理准备。

这种不适感有很多表现形式，根据各人身体素质的不同，程度也有轻有重。根据症状的严重程度，依次表现为：舌苔变厚、口臭、小便次数增加且气味和颜色深重、咳嗽痰多（少数可引发感冒）、口腔溃疡、湿疹、头痛、胃痛、便秘、全身酸痛等。

面对不适反应，请不要慌张。当你打破旧的病态平衡，进入全新的健康平衡时，身体仍然惯性地按照旧的模式运行，存在隐性病患的部位会出现排斥现象，把病痛暴露出来。

也可以这样说，哪里出现了不适反应，就说明哪里有问题。如果出现的是口腔类的不适反应，说明平日饮食中含有过多加工食品或调味料；如果出现的是皮肤类的不适反应，说明曾使用过激素类的护肤品或者毛孔堵塞；如果出现的是咽喉类的不适反应，说明呼吸系统受到了空气污染的影响；如果出现的是胃肠道类的不适反应，例如便秘，则说明气血较弱，因为断食期间摄入的食物较少，身体会暂时停止排便。

以上谈到的这些不适反应，绝大多数会在 3 天内减轻，不需要使用药物应对。如果 3 天后反应仍然没有减轻，甚至加重了，则可能演变成了病理性反应，这时就需要咨询医生了。

哪些情况不适合断食

任何方法都有适合和不适合的对象，有些人就不适合采用断食的方式。我不建议在怀孕期间和哺乳期断食；体重过轻、体弱的人，以及儿童、75 岁以上的老人、糖尿病患者、心脏病患者和肺结核患者、患有末期癌症的人也不适合断食；患有精神疾病、低血压和消化性溃疡的人也不应当断食。

看了这么多理论，如果不付诸实践，就是毫无意义的。我希望通过这份间歇性断食以及蔬果汁断食攻略，帮你打消断食的一系列顾虑，了解断食的全步骤。

理想生活的 16 ： 8 间歇性轻断食

我在上一节中提到了两种断食方法，一种是容易入门的 16 ： 8 间歇性断食法，一种是进阶级的蔬果汁断食。蔬果汁断食的排毒效果很好，但是并不是每个人都可以接受。在此，我极力推荐大家尝试一下 16 ： 8 的间歇性断食法。这种饮食方法在国外非常流行，拥护者众多，我也是其中的一员。从减重、促进消化和抗衰老的方面来看，这种饮食法几乎能够满足你的所有需求。所以，无论你是正常饮食的杂食主义者，还是爱吃肉的高脂低碳水饮食者，或者素食主义者，都可以接受 16 ： 8 间歇性断食法。

在减糖期间采取间歇性断食，更可能实现 1+1 ＞ 2 的效果。很多人会问："减糖已经要求戒掉大部分高碳水化合物食物了，还要再断食，岂不是很为难吗？"还有人会质疑："不是说好了减糖就可以吃好吃饱又不发胖了吗？怎么又建议断食呢？难道减糖是无用的吗？"

我想澄清一点：间歇性断食不能称为严格意义上的断食，因为每天都要吃东西。我更愿意把间歇性断食称为一种颠覆传统三餐概念的新饮食节奏。我们从小就习惯了一日三餐，总觉得少吃一顿就很不舒服。特别是早餐，被人为地神话了，似乎不吃早餐就会落下一身病，或者造成身体上的伤害。

尽管学界对于早餐的影响尚有争论，甚至在国外还有一些更加极端的养生法：一天只吃一餐，声称会带来诸多好处。但是，营养学家的共识始终是：是否吃早餐应根据各人的身体状况和健康目标而定。每个人的身体是以不同的方式开始自己的一天的，不要强迫自己适应不适合的饮食方式或者无法坚持的习惯，听从身体的反应，找到适合自己的饮食模式最重要。

接下来，就跟我详细了解一下神奇却简单的间歇性断食吧！

什么是 16 ： 8 间歇性断食

间歇性断食，是指周期性地在一定时间内保持零热量或极低的热量摄入。这种方法与传统的辟谷或饥饿减肥法有很大的不同，不需要长期断食。最常见的是 16 ： 8 间歇性断食法，即每天保持 16 个小时禁食，余下 8 小时正常饮食；也可以从 16 ： 8 升级为 20 ： 4，也就是每天保持 20 个小时禁食，余下 4 小时正常饮食。相对于完全断食来说，间歇性断食更易于坚持。只要对身体没有产生不良的影响，就可以长期应用。

英国广播公司（BBC）在 2012 年就对间歇性断食进行了报道，认为它可以帮助人们减轻体重并改善健康。实际上，早在数十年前，耶鲁大学和哥本哈根大学的研究者就已经开始研究间歇性断食了。

间歇性断食的神奇之处在于，即使每天选择的食物种类和摄入的食物量不变，只要坚持在特定的时间段内进食，仍然可以减少体重。

我们可以把进食的时间设定在 12 ： 00~20 ： 00，然后从 20 点之后到第二天中午 12 点前断食。乍看之下，似乎要 16 小时不吃饭，但是除去晚上 8 小时的睡眠时间，清醒时只要坚持 8 小时不吃饭就可以了。有的人可能无法不吃早餐，那就把开始禁食的时间放在傍晚，比如每天 16 点开始禁食，到了第二天早晨 8 点，你就可以给自己来一顿丰盛的早餐了。

如果坚持一段时间之后，身体没有任何不适，甚至精力变得更充沛，体重也控制得很好，那么就可以终身采用这个饮食时间表！

16 ： 8 间歇性断食的原理

进食之后，体内的胰岛素水平会升高，以此来储存能量，把多余的糖分储存在肝脏中，最后变成脂肪。如果每日三餐甚至是多餐，身体的脂肪就永远得不到消耗，反而会不断增加。久而久之，身体形成了条件反射，到了吃饭时间胰岛素就开始上升，让你觉得饿。这就造成一种现象：吃得越多，抗饿能力越差。

事实上，食欲素（Ghrelin）在饭后会持续降低，直到下一顿饭的时候才会增加。食欲素最低值出现在早晨起床时，而那时正是一天中最长时间没有进食的时候。说实话，那时你并不会特别有食欲，因此早餐只是一个约定俗成的概念，而不是身体的主动选择。如果一天中坚持 16 个小时不吃东西，食欲会逐渐降低而非升高。

在对长期断食的研究中我们可以看到，在断食的前 3 天，身体往往会感到非常难受，但饥饿感是持续降低的。3 天以后，饥饿感会逐渐消失，但很多坚持不下来的人在前 3 天就放弃了，因此感受不到食欲素降低的美妙体会。

另一个关键的成分是生长激素（Human Growth Hormone，简称“hGH”）。断食期间，hGH 会随之升高。高水平的生长激素会促使我们的新陈代谢变快，从而更好地燃烧脂肪。正常人的 hGH 值在年轻时较高，随着年龄增长逐渐降低。断食能够让生长激素升高，因此不失为一种很好的抗衰老方案！

16 ：8 间歇性断食在减糖过程中的作用

1. 增强减肥效果。

如果你已经开始减糖，那么可以同时采用间歇性断食。两者都能降低胰岛素的分泌水平，而胰岛素是帮助脂肪储存的激素。在脂肪燃烧加速的同时进一步降低胰岛素，就好比一辆汽车加入了涡轮增压，减脂效果会加倍提升！

2. 降低你的饥饿感。

减糖饮食，最担心造成的后果就是因身体不适应而引发暴食。减糖同时引入间歇性断食，每天增加了固定的断食时间，食欲素就会慢慢学会在起床后降低，胰岛素也会慢慢学会不突然飙升。这样一来，抗饿能力就会提升，身体不会因为一段时间没吃东西而不断索取。在阶段性断食的配合下，减糖的成功率也会增加！

16 ： 8 间歇性断食的实施方法

假设你的间歇性断食时间表是：12 ： 00~20 ： 00 进食，其余时间断食。那么，我们要合理分配好各个时间段。

第一步，在起床之后到中午 12 点前，要做到不食用或饮用任何含有热量的食物或饮品，只喝水或黑咖啡。

第二步，12 ： 00~13 ： 00 开始进食。如果选用健康食物（无糖、低碳水化合物、高油脂的食物），身体的感觉会更好。进食的数量即便与平日的相同，身体的新陈代谢能力也会变得更好。

第三步，17 ： 00~20 ： 00 吃晚餐。可以只吃一顿，也可以将饮食分成两次解决，只要不吃高热量食物，问题不大。在 20 ： 00 之后，一定要完全停止进食，牛奶、酸奶、蜂蜜水之类含有热量的饮料也不允许喝。

最后，要在 23 ： 00 前入睡。为了确保睡眠质量，保证 hGH 生长激素的分泌，就要早些休息，千万不要熬夜！

当然，这种间歇性断食法可以在任意时间段进行，上面所说的时间表，只是其中较容易操作的一种。可以根据自己的实际情况加以调整，只需注意在 16 小时的断食时间里不要进食。你依旧可以一天吃 3 顿饭，也可以选择吃 2 顿，甚至吃 4 顿或 5 顿。我的建议是每顿的热量摄入尽量均衡，不要相差太大。

如果现阶段的饮食能够保证你的体重不变，那么在进行间歇性断食法时，在 8 小时饮食时间可以吃与平常同样的食物，体重依然会下降。我更建议大家在间歇性断食期间优化饮食结构，让自己吃得更健康，这样减脂速度会更快。在进食的时间段，千万不要吃得太少，这会影响全天的精力和运动时的表现，同时使肌肉流失，不利于长期坚持。

实际上，我们工作忙的时候忽略了早饭，或者在晚上刻意省略晚饭，这些都属于间歇性断食。但一定要注意，千万不要饥一顿饱一顿。不规律饮食并不是间歇性饮食，长此以往，还会闹出胃病来。

我接触 16 ： 8 间歇性断食法已经有几年的时间了，在断食期间，我的基础代谢率、消化功能和排便情况都没有因为断食而出现任何负面反应。不但如此，长期的、可执行的断食带来的好处是，让我可以偶尔放纵一下，吃一些不容易消化的食物，或者增加食量，不至于因此担心长胖或消化不良。这也是我极力推荐大家尝试间歇性断食法的原因。

“一日零糖轻体法”，给健康生活打个样

一日零糖轻体法，看到这个你肯定会疑惑：如果在 24 小时里就可以试着减糖，那么只需要偶尔减糖就好了，哪里还需要进行为期 21 天甚至更长时间的减糖挑战？要知道，减糖不是一劳永逸的，而是个缓慢的过程。从决定减糖开始，直到看到成效，至少需要 21 天的时间。从看到成效再到终身受益，更是一个长期课题。一日零糖是全面减糖的引子。在这个方案里，我会告诉大家如何从起床到晚上入睡，在一天的生活中与糖隔离，让你感受无糖的一天是如何度过的。如果你觉得这些方法很有道理，就可以在之后的日子里坚持执行，开始自己的减糖挑战。

很多人在起床后都有喝蜂蜜水的习惯，因为营养学家说蜂蜜水有排毒、通便等好处。但是，蜂蜜是典型的游离糖，虽然富含矿物质，但含糖量不容小觑。只要喝足了优质水，都能起到冲刷胃肠道的作用，帮助排便。所以，如果要追求补充微量元素和通便的效果，改喝优质的天然矿泉水就好。如果喜欢喝有味道的水，你可以在睡前用柠檬片或其他水果切片泡水，第二天起床后喝。

饥饿感是如何产生的

一般来说，饥饿感来自五大因素：睡眠不足、蛋白质补充不足、脂肪摄入不足、精制碳水摄入过多和饮水不足。

当睡眠不足时，身体会出现应激反应，饥饿素水平将会升高。这就是我们没有睡够的时候总想吃东西的原因。

有研究表明，白天蛋白质的摄入量为全天热量来源的 25% 时，深夜时的饥饿感会下降 50%。脂肪和饥饿感的关系也是如此，实行高脂低碳水饮食的人一定比低脂高碳饮食的人对碳水化合物和糖分的渴望度更低！油脂中的好成分，比如椰子油中的中链甘油三酯，各种深海鱼类和坚果中的 Omega-3 脂肪酸，都能帮助你降低食欲。然而，当精制碳水化合物摄入过多时，血糖会快速上升，更容易造成饥饿感。

当身体缺水时，身体反应、运动表现和心脏机能都会受到影响，于是会向大脑发出信号——需要补充能量。你误以为需要的是食物，其实只需要充足的水分。所以说，当你觉得自己饿了的时候，先别慌吃东西，先喝水试试看。

早餐怎么吃

“早餐要吃好”的传统观念早已深入人心，所以很多人都觉得早餐特别重要，不可不吃，以至于当我推荐 16 ： 8 的间歇性断食法时，大家都和我争论早餐的重要性。早餐是否重要暂且不论，我们先来看看早餐一般吃的是什么食物。北方早餐一般是包子、面条、花卷、油条、煎饼果子，南方早餐一般是米粉、稀饭、烧卖、生煎、小馄饨，西式早餐一般是三明治、面包、蛋糕，这些食物都含有大量的碳水化合物。如果再搭配一杯含糖豆浆或者含糖咖啡，那么吃完早饭，一天的糖摄入量就超标了。所以，如果想减掉脂肪，这样的早餐就要趁早换掉。

这是不是意味着不应该吃早餐？早餐当然可以吃，但是要吃得健康。你可以吃水煮蛋或炒蛋，还可以吃胡萝卜、西蓝花、番茄等新鲜蔬菜。这些食物，不但可以吃饱，也可以吃好，更能很好地控制血糖。

早餐时喝一杯黑咖啡，对健康很有帮助。咖啡是稳定血糖和提升精力的极好选择，对肠道蠕动和燃脂也有不小的帮助。如果喝不惯咖啡也没关系，早餐时喝红茶或者绿茶，或者无糖豆浆、纯黑芝麻糊或者自制的巴旦木奶，同样是好的选择。

毫无必要的上午茶

有些人还有吃上午茶的习惯。实际上，不吃上午茶是最好的。延长两次进食之间的空档期，可以帮身体留出足够的时间来完成消化过程。但有些人的嘴巴总是停不下来，在早餐和午餐之间一定得吃点什么，也许是几块饼干、一个甜甜圈，也许是自认为十分健康的风味坚果，也可能是一个苹果、一根香蕉。我强烈建议，不要吃这些食物，因为它们都会让你的血糖上升，以至于让你感觉更饿。如果你实在无法集中精力，或者感觉饥饿的话，建议吃一些无添加的原味坚果，最好是碳水化合物含量相对较低的核桃和巴旦木。

午餐要健康

好不容易熬到了午饭时间，很多人需要面对一个难题：是点外卖还是去外面吃。去餐馆吃饭或者点外卖，的确可以节省时间，但是不利于健康，而且价格不便宜。如果条件允许的话，前一天晚上做好午饭，第二天带到公司来吃，是一个很好的选择。当然，无论是外食还是自己做饭，最好选择大量蔬菜配合豆类、鱼类和肉类的高蛋白低碳水化合物组合。

午餐结束后，不要喝所谓“帮助消化”的高糖分酸奶或餐后饮料。如果没有吃主食，你可以多喝一碗肉汤。因为如果你省略了早餐，午饭就变成了你一天里的第一顿饭，那么就不用太担心油脂、蛋白质的摄入，你可以毫无顾忌地吃鱼、肉、蔬菜、豆子和蛋，吃到满意为止。如果餐后实在想喝点什么，一定要远离奶茶等甜品，喝茶、黑咖啡或者白水就可以了。

省略晚餐，不如吃得健康

到了晚餐时间了。晚餐时，同样要按照去糖、去主食、重视脂肪和蛋白质的原则来选择食物。很多人喜欢通过刻意不吃晚餐来减肥，我的建议是，如果“不吃晚饭”的代价是睡前忍不住乱吃，那么还是老老实实地吃低碳水化合物晚餐吧。很多不吃晚餐的人，都会在 22：00 以后通过一个苹果、一瓶酸奶或者一袋薯片缓解饥饿。这意味着之前的努力全都白费了。不如在傍晚用沙拉、鸡蛋配蔬菜或者鱼虾来解决晚餐，既控制了碳水化合物的摄入量，也无须在夜晚与饥饿做斗争。很多人担心不吃早餐会患上胆结石。我们知道，产生胆结石的原因是胆汁没有被充分排出，这种粗糙质地的物质留在胆囊里，久而久之就会形成结石。胆汁的作用是消化油脂，只有摄入油脂后胆汁才开始工作。所以，与其省略晚餐，不如把晚餐吃好，让油脂促进胆汁分泌和排空，这样也能有效避免胆结石的问题。

拒绝夜宵

很多人总是瘦不下来，往往是因为喜欢吃夜宵。我的建议是，既然踏上瘦身这条路，就忘掉夜宵吧！

如果晚餐吃好了，在睡觉前就不要再吃任何东西。聊天、运动、思考，都可以放在晚餐后进行。都市人群有社交需求，那么聚会、看电影等活动都可以去做。社交时难免要喝酒，那么请你远离调制酒、汽水、鸡尾酒和啤酒，选择红葡萄酒、白葡萄酒、香槟等几乎不含糖的安全酒精饮料。

一天的无糖生活到此结束了。回想一下，执行起来似乎没有多少难度。把这样的生活复制 21 天或者更长时间，也是完全可行的。糖不是身体必需的成分，在接下来的 24 小时里，试着把它暂时戒掉吧！一天的无糖生活，一定会给你带来更多惊喜！

“无主食不欢者”的碳水化合物循环法

低碳水饮食能给身体带来很多好处，但碳水化合物作为人体不可或缺的三大营养元素之一，是无法彻底排斥的。这就使得无论是低碳水饮食还是生酮饮食，在实施难度、身体适应度和长期实施的可行性上都有很多不可抗力因素。

长期进行生酮饮食，可能会造成酮症酸中毒或者尿酸偏高等问题，所以严格的生酮饮食只能作为短期方案，用来减重和改善慢性病症状；尤其是对于健身人士来说，碳水化合物是必不可少的营养补剂。所以，如何平衡碳水化合物和减糖之间的关系，就尤为重要。

如何兼顾高碳水和低碳水饮食

对于热爱运动的人来说，低碳水饮食和高碳水化合物饮食（以下简称“高碳水饮食”）各有各的好处。低碳水饮食能带来更好的胰岛素敏感性，促进脂肪燃烧，改善胆固醇水平，提高新陈代谢效率；高碳水饮食可以对体内的激素产生积极影响，其中包括甲状腺激素、睾酮和瘦素，这些激素能帮助提升运动表现，稳定肌肉值。虽然从总体来说，低碳水饮食带来的好处更多，但偶尔用高碳水饮食唤醒激素，也是相当重要的。如果长期碳水化合物摄入量不足，激素水平受到影响，会造成一些生理问题，例如女性就容易出现经期不正常的现象。

既然两者都有优点，就应当彼此兼顾。国外的营养学家研究出了一种“碳水化合物循环”的饮食法。碳水化合物循环（以下简称“碳水循环”），顾名思义就是实施一段时间低碳水饮食之后，再实施一段时间高碳水饮食的方案。

有人难免会有些疑惑，认为何必如此折腾，只要正常饮食不就好了吗？事实并没有这么简单！碳水循环饮食法，将每周的饮食分为高碳水饮食日和低碳水饮食日。二者的比例可以自行设定，例如有人用 6 天低碳水配合 1 天高碳水，这就意味着周一到周六严格控制碳水化合物的摄入量，每天摄入的碳水化合物控制在 50 克以内；周日饮食无限制，可以吃比萨、汉堡、米饭、面条、甜品等高碳水食物；到了下一个低碳水饮食日，又开始严格执行低碳水饮食。

从理论上来说，这种碳水循环的方法很适合那些意志力和身体适应力极强的人。但是对大多数人来说，恐怕难以应付。因此，**我想推荐给大家一个更有逻辑性的 4 ∶ 3 碳水循环法则。也就是说，在 1 周里选择不连续的 4 天作为高碳水饮食日，其余的 3 天作为低碳水饮食日。**比如，周一高碳水饮食，周二低碳水饮食，周三高碳水饮食……以此类推，交替进行。

在高碳水饮食日中，必须配合有效运动，使高碳水化合物带来的能量充分燃烧。由于高碳水化合物的摄入，运动将更加有力。要在高碳水饮食日好好锻炼身体，保持并丰富身体的肌肉含量；高碳水饮食日也意味着可以参加聚餐和社交，完成那些必须完成的应酬活动。在低碳水饮食日中，则要充分休息，不要刻意进行剧烈运动，但日常的体力消耗仍然是有必要的。

实施 4 ： 3 碳水循环法的要点

关于 4 ： 3 碳水循环法，有几个要点有必要明确。

1．高碳水饮食日的碳水化合物含量多少合适？

高碳水化合物含量和低碳水化合物含量是相对而言的。高碳水化合物并不是指无限高，不能想吃就吃。4 ： 3 的碳水循环设定已经非常“慷慨”了，1 周里有 4 天可以进行高碳水饮食，因此这里的“高”只是相对“低”而言的。在高碳水饮食日，能摄入的最大碳水化合物含量为体重乘以 3。也就是说，当体重为 50 千克时，在高碳水饮食日可以摄入 150 克碳水化合物。即便在高碳水饮食日，我仍然建议大家尽可能食用高纤维食物，比如南瓜、红薯、土豆等根茎类蔬菜，玉米、糙米、燕麦等粗粮，豆类和各种新鲜水果。在高碳水饮食日，GI 值的概念仍然适用。**尽可能选择低 GI 的复合碳水化合物食物，是碳水循环法成功的关键。**

2．低碳水饮食日的碳水化合物含量多少合适？

在 3 天低碳水饮食日里，最好坚持超低碳水化合物、适当蛋白质和足量脂肪的饮食方案，努力将每日摄入的碳水化合物含量控制在 20 克，最多不超过 50 克。这就意味着，你只能从非根茎类的蔬菜中获得有限的碳水化合物，而脂肪和蛋白质则可以从鱼类、肉类、蛋类中得到。当然，你还可以食用少量的坚果、无糖酸奶和奶酪。

3. 高碳水饮食日的运动有讲究。

高低碳水循环，是为了保障运动的安全。对于有运动习惯的人来说，碳水循环相当于一个绝佳的涡轮增压系统。高碳水饮食日补充的碳水有助于恢复身体的糖原水平，从而抑制肌肉分解；低碳水饮食日减少糖原，能防止多余的糖原因为无法耗尽而转化为脂肪。

高碳水化合物要配合高运动量，如果当天的运动量没有跟上，碳水循环法的威力就不能发挥出来。所以，如果你在高碳水饮食日没有完成至少 1 小时的有效运动，比如深蹲、举铁、HIIT 训练或者需要不停跑动的球类运动，那么高碳水食物的作用也就失效了。

为什么我们要选择不连续的 4 天作为高碳水饮食日，并在这几天运动呢？因为运动日要配合休息日，更有助于肌肉的养成和身体的修复。举例来说，周一、周三、周五、周日运动，其他时间休息的运动计划，比起周一至周四运动、周五至周日休息来说，前者的身体舒适度、运动安全性和运动效果要好很多。

如果你决心尝试碳水循环法，只要能保证高碳水饮食日有足够的运动量，低碳水饮食日进行正确的饮食搭配，坚持一段时间你就会发现，这是一个打造完美身材且操作简单的饮食方案。

PART

第 4 章

减糖期是身体排毒的好时机

你的身体里究竟藏了多少毒素

我一直有个观点，就是人的身体其实是在做加减法，加法是吃，减法就是排，吃是指吃得对、吃得好；排，就是排毒。运动流汗算是排毒的一种，但排毒还有很多方式，后面我会跟大家详细说明。但在此之前，我们有必要先了解，我们身体里到底有多少毒素，这些毒素又是从何而来的？

基于我们的生活环境及饮食习惯的影响，每个人体内或多或少都聚积了毒素。这些毒素多是现代毒素，在工业革命之前，其实并没有没那么多毒素，排毒的需求也没有现在来得迫切。如今，空气中有雾霾，加工食品里有各种添加剂，这些都是现代人体内毒素的主要来源。

触目惊心的毒素来源

我之前看过一部名为《食品工厂》的纪录片，这部纪录片2009年被《纽约时报》评选为最让人感到震惊的电影之一，因为纪录片里暴露的食品加工现状太触目惊心了。

一位2岁的小朋友凯文吃了汉堡之后，感染上了一种小众但毒害性强的大肠杆菌，12天后医治无效死亡。小凯文的死像多米诺骨牌一样，推开了一个庞大的食品帝国的大门，曝光了美味的汉堡在递到我们手中之前究竟都经历了什么。

首先，汉堡里的牛肉，这些牛生活在空间狭小、昏暗、肮脏的工业化养殖基地，食物和排泄物很难分开，它们来到这个世界唯一的目的就是长肉，供我们食用。天生食草的牛被人们用玉米饲养后，消化方式改变了，导致体内的大肠杆菌变异，而这种大肠杆菌正是杀死小凯文的凶手。

此外，加工产业的聚集使得混合在牛肉中的细菌更容易被传播开来。养殖场会用氨水来消毒，细菌是被杀死了，但氨水同时也会杀死肉里的营养。

汉堡中还有另一种常见的原料鸡肉，则更可怕。小鸡从出生就没见过阳光。因为饲料里添加了激素，鸡生长得更快，肉也长得更多。

养鸡场里的鸡，48天就可以出笼，时间比20世纪50年代的70天出笼缩短了32%，体重却可以长到以前的两倍。

营养学家一直大力提倡吃白肉，作为白肉的代表，美味低脂的鸡胸肉得到了越来越多的青睐。食品公司通过给鸡吃激素，导致鸡胸比过去大了好几倍。为了减少疾病，鸡还被喂养了抗生素，然后它们把有抗药性的细菌传给了人类。

你以为只有动物被人饲养而改变吗？在食品公司里，当番茄还是青绿色的时候，它们就被采摘下来，喷上乙烯之后，一夜之间就变得通红。随后，它们被送到快餐店的厨房，炸成金黄色，加上调料，就成了消费者口中的“美味佳肴”。

这样做出来的汉堡价格低廉，也备受青睐。随着生活方式的改变，不健康食物的成本越来越低，健康食物的成本则越来越高。

所以，你是不是和我一样，开始质疑超市里琳琅满目的食品了？

当你徜徉在超市五颜六色的各种食品架之间，无论怎么选择都逃不过食品公司的安排。他们决定了我们把什么东西吃进自己的身体里。

超市里琳琅满目的选择，其实只是一种幻觉，因为大部分的商品都含有玉米、大豆两种成分。美国的玉米产量惊人，在政府的农业补贴政策下，价格超级便宜，从玉米中提炼出淀粉，分解并使其重组，可以用来制作成多种加工食品。

从调味料到饮料，再到药品甚至婴儿纸尿裤，都可能是玉米变化而来的，无论你吃的是三明治还是熏三文鱼，甚至喝的可口可乐，里面都有玉米。看似丰富的食品，实际上却缺乏营养。为了获取必需的营养，我们只好越吃越多，从而无法避免地陷入恶性循环。

我们吃的东西在过去 50 年里发生的变化，要比过去的 1 万年还要多。食物的任意、过度加工，会让我们的身体受损，而多吃有机的食物虽然已经变得很昂贵，但为了身体健康，这种选择还是非常有必要的。

所以，我需要大家正视身体的毒素，不光是现代饮食增加了身体的毒素，环境、情绪、化学用品都是毒素日积月累的途径。我们每个人都是毒素的携带者，除了食物毒素外，药品毒素、环境毒素、情绪毒素都会让你的身体积累毒素。

先说说药品毒素。“是药三分毒”的概念，大家应该都了解，除了处方药外，非处方药也在积累着毒素，比如助排便药、清热解毒药、止疼药等，甚至是医疗美容界最常用的肉毒杆菌，也不例外。

再说说环境毒素。水中的生物、化学性污染源，比如细菌、病毒和寄生虫、悬浮物、化学元素、重金属等，都不容小觑。

我们每天都需要呼吸空气，而大气污染则会在我们的身体积累毒素。中国的大气污染属于煤炭型污染，主要的污染物是烟尘、二氧化硫、氮氧化物和一氧化碳等。这些污染物主要通过呼吸道进入人体内，不经过肝脏的解毒作用，直接由血液运输到全身，对人体产生影响。

土壤本身具有一定的自净能力，而当化肥或者水污染物进入土壤中，污染物含量超过了土壤本身的自净能力后，有害物质就会在农作物中积累，并通过食物链进入人体，从而引发各种疾病，最终危害人体健康。这也是为什么有机农业最看重的就是土壤治理，基本上需要花费 3 年甚至更久的空置期，才能让土壤回归到有机的标准。

另外，我们用的化妆品、洗衣液和塑料制品，这些都是化学毒素的重要来源。就连我们平日喝的矿泉水，每次拧开瓶盖时都会有一定的塑料被我们吃入体内。

至于情绪毒素，平时大家可能并不太关注。心理会影响生理，这是毋庸置疑的。情绪是一种神奇的能量，无论对内还是对外，影响都是巨大的。焦虑、恐惧、紧张、痛苦、悔恨，这些情绪长期郁积，就会产生毒素，从而导致疾病。

身体各部位排毒锦囊

从我们出生那一天开始，每天都有代谢不出去的物质残留在体内，毒素日积月累，附着在各个器官、组织、细胞上。如果把人体比作一个垃圾处理厂，我们每天都在这里堆积新垃圾和处理旧垃圾，但如果旧垃圾没有及时清理，积累到一定程度就会引发疾病。所以，我们非常有必要定时处理废弃物，而不是放任毒素堆积在体内。不过，人体本身就有一套完整精密的排毒系统，自己就能搞定排毒，只要我们懂得用正确的排毒方法，针对身体各个部位去排毒，效果要比市场上琳琅满目的排毒产品好得多。

我从肺部、肾脏、大肠、肝脏、皮肤入手，粗略地讲几个自我排毒的小窍门。

◎ 肺部排毒 ◎

肺是最易积存毒素的器官之一，每天我们会将约 8 000 升空气送入肺中，空气中飘浮的细菌、病毒、粉尘等有害物质也随之进入到肺里。

排毒措施：此时，可借助咳嗽清除肺部的毒素，早上在空气清新的地方或雨后练习深呼吸，深吸气时先缓缓抬起双臂，然后主动咳嗽，同时迅速垂下双臂使气流从口鼻喷出。条件允许的话，可将痰液咳出体外。如此反复多遍，每天坚持这样做，能使肺保持清洁，帮助肺脏排毒。

◎ 肾脏排毒 ◎

肾脏是排毒的重要器官，它可以过滤血液中的毒素和蛋白质分解后产生的废料，并通过尿液排出体外。

排毒措施：不要憋尿。尿液中毒素很多，若不及时排出，会被重新吸收，危害身体健康。另外，可以多吃利尿食物。平时多喝绿茶、薏仁水、椰子水等，都可以促进尿液的形成，从而将体内的一些毒素排出体外。只喝白水，也可以起到稀释毒素、促进肾脏新陈代谢的作用。

强烈建议每天清晨空腹喝一杯温水、淡柠檬水或者天然淡盐水。15 点左右是中医认为膀胱神经最活跃的时间，也需要多喝水。21 点左右是人体免疫系统最活跃的时间，同样需要及时补充水分，促进人体细胞再生，提高免疫力。

当然，喝水太多也不好，会加重肾脏负担。从科学的角度，每日饮水量建议 2 升左右就可以了。

◎ 大肠排毒 ◎

食物进入消化系统后，在细菌的发酵和腐败作用下形成了粪便，粪便本身就聚集着很多有毒物质，需要尽快排出体外。

排毒措施：清晨起床后至少要喝 200 毫升水，多做帮助腹部活动的运动，补充益生菌和膳食纤维。这些方法都能起到清刷胃肠的作用，使得大小便排出，清除肠道毒素。

◎ 肝脏排毒 ◎

肝脏是人体最大的解毒器官，各种毒素经过肝脏的一系列化学反应后，变成无毒或低毒物质。

排毒措施：运动搭配饮食。

运动能让你更多地出汗，帮助你改善消化系统的功能，还能改善呼吸系统，加速人体血液循环，促进排毒。

饮食上，需要控制小麦、肉类、乳制品、盐、糖、食物添加剂、饱和脂肪、酒和油炸食品的摄入量。平时，多吃一些高解毒能力的蔬果，比如猕猴桃、柑橘、葡萄、菠萝、黄瓜、菠菜、卷心菜、芹菜、苦瓜。不要抗拒味苦的蔬菜，它们都具有一定的净化解毒效果。

◎ 皮肤排毒 ◎

皮肤是人体最大的排毒器官，皮肤上的汗腺和皮脂腺，能够通过出汗等方式排出其他器官难以排出的毒素。

排毒措施：每周至少进行一次使身体多汗的有氧运动。偶尔蒸一次桑拿，能加快新陈代谢、排毒养颜。蒸桑拿时，要注意补充水分，蒸之前喝一杯水，可以帮助加速排毒，蒸之后再喝一杯水，能够补充水分，同时排出剩下的毒素。

身体干刷按摩，也是很好的排毒法。每天洗澡时，用丝瓜筋手套或者是专用的干刷刷子对肌肤进行按摩，能加速血液循环和淋巴液畅通，从而促使体内有毒废物排出。通常可采用圈状按摩手法，自下而上地对全身施加力量进行按摩。注意，按摩方向为肢体末端向心脏方向。

泡澡排毒也是帮助肌肤排毒的好方法。它可将积存在皮下组织内的酸性废物冲洗掉，将滞留在身体的毒素代谢出来，从而使肌肤变得健康有弹性。天然浴盐和芳香精油是泡澡排毒的首选，在浴缸中加入浴盐或滴几滴迷迭香、茶树及柠檬的精油，会起到不错的排毒效果。

除此以外，减法护肤，也就是一段时间内不涂抹化妆品，也不洗脸，用皮肤自身的油脂滋润和修复皮肤，也是皮肤排毒的好方法。当然，不用化妆品、不洗脸需要在不出门的情况下进行，因为一旦皮肤接触了室外空气、粉尘、紫外线辐射等容易堵塞毛孔。

肠道是人体健康的第一道防线

肠道是健康的第一道守护关卡。在我们的消化系统中，有将近 100 万亿量的细菌。要指挥这支细菌大军，是一项庞大的工程，但只要你吃对食物，肠道内的微生物会在 2 ~ 4 天内迅速转变。所以，说到排毒，肠道的大清扫是重点。

理论上说，大便一天一次才算正常的排便频率。每天少于一次应该归在便秘范畴，但也要具体问题具体分析。如果吃极易消化的食物，比如很多素食或者生食者，一天两到三次成形排便也是相当正常的；如果排便次数多且不成形，就是腹泻，这是不理想的排便；排便形状如果是香蕉状略带裂纹为最好。落水后会微微漂浮，说明水分刚好，肠道环境不干也不湿；颜色呈黄褐色为佳，过深说明积累在体内的时间过长，颜色浅说明消化不充分；气味不能太重，也不黏马桶和肛门口，不需要太多卫生纸去擦屁股，说明是健康的排便。从上厕所的时间来看，健康的肠道蠕动时长应该是坐在马桶上 60 秒内就可以完成。大便应该很容易出来，不应该硬挤、呻吟或发生任何不适。如果还有时间坐在马桶上阅读报纸文章，可能有便秘或其他肠道问题。

如果你的排便情况并没有以上的那么优质，那就非常需要继续往下看了。

肠道环境的细菌分为三种：有益菌、有害菌和中性菌。

“有益菌”也叫益生菌、共生菌群，主要有拟杆菌、双歧杆菌、乳酸杆菌。这些细菌势力最为庞大，占到了肠道菌群的 99% 以上，跟人形成良好的合作关系，辅助消化多种食物，并保护我们的肠道。

有害菌就是致病菌群，比如沙门氏菌、致病大肠杆菌等。它们是健康的破坏者，本不属于肠道，但一旦进入肠道，就会兴风作浪，导致疾病。

中性菌又称为条件致病菌群，主要有肠球菌、肠杆菌等。这些家伙数量不多，但属于肠道里的不稳定因素。肠道健康时，有益菌占压倒性优势，中性菌群就很安分；但要是共生菌群被破坏了，中性菌群就会引发多种疾病。

有益菌会帮你吃饭和消化吸收，它们分解复杂纤维和多糖，把得到的葡萄糖、维生素、脂肪、微量元素作为房租交给肠道，供人体吸收。正常的肠道菌群意味着有益菌比例高，有害菌比例低。有益菌和有害菌的比例，特别是双歧杆菌所占的比例代表着“肠道年龄”。

肠道菌群影响着我们的喜怒哀乐和身材、皮肤衰老程度等，营养不良、肥胖症、糖尿病、抑郁症、自闭症等疾病都和肠道菌群有密切关联。

肠道和情绪的关系

关于肠道和情绪的关系，千万别小瞧哦！我之前参与翻译的一本书指出，良好的肠道菌群可以提高儿童的智力发育并改善性格上的孤僻易怒等问题。如果妈妈的肠道菌群不健康，宝宝在孕育和分娩阶段都会受到影响，肠道根基也会相对薄弱。如果妈妈产前具备良好的肠道菌群，孩子出生后的肠道发育会相对完善，孩子的情绪控制和智商发展都会更好。同时，顺产比剖宫产的孩子的肠道环境更加健康。因为顺产的孩子通过阴道挤压过程，带着母亲产道中的菌群来到世界上，使得免疫力和排便能力都相对更优异。

饮食、作息、情绪压力、环境改变、使用药物甚至是随着年龄增长消化能力变弱等因素，都会让肠道环境出现问题，如果肠道菌群紊乱，便秘和腹泻两个极端都会出现。

如何保护肠道健康

该如何保护脆弱的肠道菌群？我接下来从日常保养和特殊保养两个方面来谈这个话题。

1. 规律作息和预留排便时间。

肠道菌群在与人体的长期磨合中，会形成自己固定的生物钟和食谱。睡眠时间不保证，饮食不规律，饥一顿饱一顿，长期下来，肠道菌群势必失调。所以，保证固定的睡眠和饮食的时间很重要。并不是要求大家多睡觉多吃饭，而是睡觉和吃饭的时间要固定下来，就算每天只睡 5 个小时，但最好不要在不同的时间段睡觉，否则体内激素水平会愈发紊乱，基础代谢也会变慢，伴随着便秘会出现长斑、长痘、发胖的综合征。

还有很多上班族，每天早晨都跟打仗一样，就算有便意，也因为需要洗脸、刷牙、化妆、赶地铁等给忽略了。有便意时不要拖延或忍住，应该马上去厕所排便，否则便意消失就很难再回来。

你知道有的成功人士的早晨时光是悠闲地看报纸、练瑜伽和完成排便吗?所以，习惯早晨排便的人，是时候考虑一下改变你的作息了。例如，每天清晨早起半小时，喝一大杯矿泉水或者柠檬水，接下来就可以悠闲地酝酿排便了。

2. 增加膳食纤维的摄入。

肉类等高脂肪食物的过多摄入，会导致纤维食物摄入过少，水分摄入不足。如果摄取太多肉类和加工食品的话定会引起便秘，使得肠道内环境恶化，这也是实施超高脂肪超低碳水化合物的生酮饮食人士常见的便秘原因。

动物蛋白和加工食品中基本不含膳食纤维，导致肠道内环境出现腐败，肠道内有害菌增加和有益菌数量减少，会产生氨气等有害气体。这不仅会使放屁变得更臭，也会导致口臭、体臭和皮肤出油等问题，所以一定要记得额外补充膳食纤维。

膳食纤维也分为可溶性膳食纤维和不溶性膳食纤维两种。虽然很多人吃纤维饼干或五谷杂粮帮助补充不溶性膳食纤维来帮助排便，但因为糙米或者纤维饼干中含有大量不溶性膳食纤维，在吸收水分后可以在肠内膨胀 10 倍。要想将这些不溶性膳食纤维排泄出去，需要可溶性膳食纤维的配合。这也是多吃粗粮会导致便秘的原因。

绝大多数天然食物都含有不溶性膳食纤维，而含有可溶性膳食纤维的食物不多。如果便秘或者腹泻，我们在吃饭的时候，要格外注意选择含有可溶性膳食纤维较多的海藻类、豆类、根菜类、蘑菇类。用富含可溶性膳食纤维的车前子壳粉或者菠萝、草莓、火龙果等水果制作的水果排毒水来帮助排便也是见效快的方法。

3. 注意补充益生菌。

为了改善肠道内环境，就需要额外补充益生菌来帮助肠道蠕动。说起有益菌，大家首先想到的肯定是酸奶。人们一直坚信，酸奶有促进肠道蠕动的作用，但事实是——这是一场营销骗局！实际上，市面上的酸奶含糖量特别高，活性益生菌数量却不高，常温酸奶甚至几乎不含活性益生菌，还有发胖的风险。如果你奢望靠喝超市购买的酸奶来改善肠道内的益生菌，就不用刻意坚持了。除非是喝新鲜发酵的自制无糖酸奶！不过也不用气馁，除了酸奶以外，益生菌还可以通过许多种类的发酵食物获得，比如纳豆、泡菜、豆芽、自制无糖米酒、自制红茶菌等。

如果偷懒，采购一些益生菌片剂和粉剂，同样能有效帮助平衡肠道微生物菌群。但记得选择配方纯净，不含糖类、代糖类和添加剂的益生菌产品，好的益生菌是大人小孩都能一起补充的，可以有效增强肠道抵抗力。

4. 增加腹部刺激的运动或者腹部按摩。

久坐不动是都市人便秘的重要诱因。每天 10 分钟，躺在床上放松，将两手手心叠放在肚脐上，便秘时顺时针方向画圆圈刺激肠胃蠕动，腹泻时逆时针画圈，以减缓肠胃蠕动。或者跟着网络上的腹部激活类的运动训练在家完成腹肌锻炼，能紧实腹部是一方面，更重要的是能增加肠道蠕动，帮助刺激排便。

当然，还有很多人以为自己不便秘就万事大吉了，以为只有便秘的人肠道才会堆满大便。其实并非如此，我们随着年龄的增长，五脏六腑的机能没有小时候那么好。大肠由于皱褶多，就算每天规律排便，也很难全部顺畅地排出，总有未被排出的大便会黏附在大肠皱褶上，时间一久，就如油烟机的油渍一般很难被清洗干净，形成宿便。所以保持肠道健康是终身话题，也是必要功课。

宿便在肠内一直被吸收，其毒素反复顺血液流遍全身，一个人肠道到底健不健康，一眼就能瞧出来。对于女人来说，最可怕的是肠内毒素引起内分泌紊乱，从而加剧皮肤老化，使皮肤失去光泽，同时生成粉刺、色斑等，肠道毒素都被写在脸上啦！但排便千万别通过助排便的药物解决，长此以往会带来肠道应激反应丧失，也就是得一直靠服用助排便药物才能正常排便，一旦停药便开始便秘。

保持肠道健康与肠道活力是保障容颜、身材和心情的关键。良好的肠道环境不仅有利于减肥，还会让你更健康、更美丽、更开心！

不是所有的喝水都叫补水

每天不管是在办公室坐着，还是出门逛街，身体都会不断蒸发、消耗水分。如果再结合运动流汗，就会大大加速体内水分的流失。

体内水分的流失会从头皮、头发、面部皮肤和身体的皮肤开始。久而久之，皮肤会容易起皮、眼角产生细纹、皮肤容易过敏、产生头皮屑、头发分叉、指甲附近干裂脱皮、嘴唇干裂甚至是皮肤出油等。

谁都会缺水，但是如何正确地补水，很多人都会有一些误区。接下来，我们就来盘点一下补水的常识性误区和正确补水法。

◎ 误区一：喝水就是补水 ◎

喝水固然能补充水分，这个是常识。但总有人抱怨自己是“喝水就胖体质”。这一类人其实是肾脏负担大，容易发生水肿。所以，对于这一类人来说，补水需要注意时间点和量。

睡前 2 小时，应该避免喝水。因为睡前饮用太多水，水分会存储在肾脏中，加重肾脏的负担，导致面部和小腿出现水肿的情况。过多的水分也会影响睡眠质量，产生疲惫型肿胀。

补水是有讲究的，要喝有营养的水。有些人习惯喝纯净水，但这种水缺乏微量元素。另外，身体缺水的过程也会流失矿物质和电解质，例如钾、钙、钠、硒等离子状态的微量元素。那我们到底需要喝什么样的水呢？

我们需要喝含有微量元素的健康水。比起白开水，矿泉水、椰子水、柠檬水、无糖花果茶、绿茶都是更好的补水饮品。柠檬水中的维生素 C 是天然的美白利器，补水的同时能够由内而外地提亮肤色；椰子水中富含的电解质，极其适合流汗后的水分补充，防止身体脱水；花果茶含有可溶性膳食纤维和维生素，口感也好，适合因为水不好喝而不爱喝水的朋友；淡绿茶抗氧化，能够清除体内的自由基，对皮肤好。

我个人特别推荐喝天然矿泉水，因为其中的营养成分是离子形态，极易被人体吸收，可以有效补充人体所需的微量元素，但并不是市面上售卖的瓶装水都是天然矿泉水。纯净水、天然饮用水、天然矿泉水……别看名字都差不多，但成分和来源千差万别。

市面上的纯净水，大部分用的是 RO 反渗透膜技术，胜在特别干净，没有杂质，但也没有营养，临时用来补水没有什么问题，但长期饮用纯净水，会导致身体无法吸收足够的微量元素。

市面上的天然饮用水，采用的是来自大自然的天然水源，但做了过滤灭菌处理，去掉了部分杂质和有害物质，也适当保存了水中原有的矿物质和微量元素，有一定的营养，虽然比纯净水好，但依然不如天然矿泉水。

真正的天然矿泉水，对水源要求非常高，一定是特定地质构造岩层的地下水，比较珍贵稀有，价格自然也高一些。如果经济条件允许的话，建议每天喝 2 升的天然矿泉水。

如果大家对饮用水的品质有更高的要求，建议在家里安装一台保留矿物质成分的净水器，喝直饮水也是很好的补水方法。

◎ 误区二：喝太烫的水 ◎

喝热水是我们的生活习惯，也是重要的养生方法。痛经的时候，或者身体不舒服的时候，总会有人贴心地提醒你："多喝热水。"然而，对于补水来说，适宜的水温很重要。喝常温水，更容易被身体吸收。因为，人体的温度常年在 36~37 摄氏度，如果我们喝的水温度超过 40 摄氏度，其实身体是处于不舒服的状态的，口腔和食道黏膜会受损伤，容易引发口腔癌和食管癌。所以，我建议大家喝跟身体温度一致的温水，这样身体才能真正得到水分的滋养。

◎ 误区三：涂面霜和敷面膜就可以解决皮肤缺水的问题 ◎

涂面霜和敷面膜可以一定程度地将水分锁在皮肤内，起到为肌肤保湿的作用。但是，保湿是保存水分，补水是从根源上补充水分，保湿只能治标，却治不了本。

补水，还得靠饮食。关于补水的食物，有几个关键词要牢记：当季、当地、新鲜、无添加。

比如，春季是草莓的季节，千万别花大价钱去买进口车厘子而放弃一个就近产地的新鲜草莓，其实满满新鲜汁液的草莓给到身体的水分和营养更适合身体的吸收。如果能买到新鲜的草莓，就不要选择草莓干、草莓奶昔或者草莓味巧克力，因为这些水果甜品里面大部分含提炼过的果糖，糖分吃多了身体会因为血糖升高而对水分的感知力变迟缓，身体明明发出了缺水信号却不自知，等明显感到"口渴"时再喝水，其实已经陷入严重缺水的状态。

有一个小技巧。水果一定挑重的买，同样体积的水果，越重水分越多。

如果能自己鲜榨绿色蔬果汁并且每天保证500毫升的量，身体会感谢你。如果你是热性体质，我比较推荐黄瓜、梨、黄柠檬、薄荷叶的搭配；如果是怕冷的寒性体质，我推荐菠菜、苹果、芹菜、生姜的搭配。绿色的蔬果汁里常用的蔬菜比如菠菜、羽衣甘蓝、芹菜、生菜、小麦草等，富含叶绿素和可溶性膳食纤维，不仅可以帮助肠道蠕动，还能快速被细胞吸收，细胞喝足水分，身体才能焕发活力。

◎ 误区四：喝饮料也可以补充水分 ◎

你听说过“慢性缺水”吗？你以为自己在喝水，但水分不能真正作用于身体，产生了缺水现象而不自知。

很多人爱喝咖啡、奶茶或者果味饮料。果味饮料中往往含有香精、色素、果葡糖浆等对健康不利的添加剂，这些添加剂会让味觉上瘾，不仅起不到给身体补水的作用，还会影响消化和吸收，增加身体负担，导致新陈代谢和内分泌紊乱。

当然，早上喝一杯黑咖啡是完全没问题的。但如果你喝加糖加奶的咖啡或者加了巧克力酱的花式咖啡，或者一天喝三五杯咖啡才能精力充沛地工作，就很可能导致身体缺水。因为咖啡因会利尿和刺激血脂上升，增加心血管负担，液体会加倍排出，使得需求量跟不上补充量，身体无法有效补充水分。所以，喝无效的水是起不到补水作用的。

那么，我们到底可以喝什么？

首推植物奶。比如米汤、糙米浆、燕麦奶等，都可以促进消化液分泌，滋补润肺，平衡身体电解质。同时，小米、燕麦、糙米等粗粮中富含B族维生素，以及钙、铁、磷等微量元素，能弥补流汗带来的损失。薏米有健脾益胃、补肺清热的作用。所以，不管是薏仁糙米汤、红枣燕麦奶还是小米汤，都是好的补水搭配。

再给戒不掉奶茶，又想有效补水的朋友几个好喝的奶茶代替饮品：

抹茶椰奶

原料：抹茶粉、椰青。

做法：首先，买一个椰青，劈开后倒出椰子水，取出椰子肉。然后，用搅拌机搅拌椰子肉和椰子水，做成椰奶，再加入抹茶粉，即可饮用。如果希望更甜一些，可以在制作椰奶时加两颗去核的椰枣。

超火排毒水

原料：柠檬（切片）、黄瓜（切片）、菠萝（切片）、薄荷叶（不排斥生姜的话，可以适量加入姜片）。

做法：准备一个梅森瓶（没有的话就用透明瓶子代替，最好是玻璃瓶），放入柠檬片、菠萝片、黄瓜片、薄荷叶，加满水，放置一夜，第二天就可以开盖饮用了。

排毒水不仅无糖无香精，而且很好喝，喝完后感觉水分子补进了身体里。草莓、橙子、火龙果可以随意搭配，切片放进排毒水中，完全自由搭配，没有限制。

常喝排毒水不仅能帮助身体补水和清洁排毒，还可以降低食欲增加饱腹感。

当然，也有几个注意事项：

√ 水果要新鲜，尽量切小块。

√ 柠檬、黄瓜等带皮的水果要用盐搓去外衣上的果蜡，再清洗干净后切片。

√ 排毒水冷藏保存，冷藏时间建议不超过 10 小时。

√ 瓶子以带盖子的玻璃罐为最佳，密封性要好，也要便于携带。

◎ 误区五：运动前后忽视喝水 ◎

很多人运动完之后不喝水，光顾着称体重，想了解自己的体重变化，却不知道运动后掉的是水分，真正的重量需要通过数小时的肌肉代谢才能知道。这个时候，及时补充水分就可以帮助你提升运动效果。

那么，运动后为什么要及时补充水呢？因为运动后人体体温会升高，人体会依靠汗液蒸发来降低自身过高的体温。大量出汗后未及时补充水分，会出现脱水、体内电解质丢失，严重的会导致抽筋、虚弱、肌肉疲劳、运动能力下降等状况。所以，运动后及时补水有利于提升身体新陈代谢、调节体温，还有助于肌肉的生长。

运动前 1 小时，最好补充 500 毫升的水，分 3~4 次喝，可帮助运动时保障运动机能。运动中少喝水，遵循小口多次喝水的原则，总量不超过 800 毫升。运动后 2 小时内再补充至少 500 毫升的水。

当然，凡事都有度。切记不要猛喝过量的水，人如果在并不缺水的情况下快速过量饮水，体内以钠为主的电解质就会受到稀释，水就会通过细胞膜渗入到细胞内，导致细胞水肿，进而引发“水中毒”。

对于女人来说，补水很重要，但也需要一些技巧。“女人是水做的”可不是随便说说的，一定要通过巧妙补水做到。

“大姨妈”是女人的排毒法宝

为什么女性普遍寿命比男性长?

最靠谱的回答：每个月“大姨妈”来访的那几天，就是你身体排毒的“黄金时期”。所以，女性比男性的毒素少，而且更容易长寿，这是有道理的。

那我们今天就来好好聊聊女性排毒的诀窍。

月经的原理就是让老化的子宫内膜随着经血一起排出，让子宫焕然一新。每个月的生理期是对子宫的大扫除，一旦经血流畅，就可以避免经期不顺、痛经等问题，帮助我们顺利排清体内毒素。

所以，经期排毒想得到好的效果，就是让经期尽量不要持续太长或过短，同时让经血顺畅地排出体外便可。我整理了一些超级实用又简单的方法，能够帮助经血顺畅排出。

◎ 经期多喝温水 ◎

经期适量饮水对身体排毒有很大帮助,因此月经期间每天多喝水十分必要。

排毒就是让不需要的废物、毒素排出体外，例如排汗、排尿、排便都是促进新陈代谢的好办法，但每一种排毒都离不开液体冲刷的形式。平日喝跟身体温度一致的 37 摄氏度的温水，经期喝 40 多摄氏度的水即可，超过 50 摄氏度的水就会刺激消化道，起到反效果。

◎ 经期也要有适量的运动 ◎

我是倡导经期运动的，只要不是瑜伽里头倒立、手倒立这类的倒置运动，对腹腔施压的腹部收缩运动以及极限运动，一般的运动经期都能放心做。也就是说，只要是身体吃得消的运动都可照常做。如果你以为经期就要躺着或者趴着，那就大错特错了，这样很容易造成经血流出不畅。

除此以外，帮助阴道活动的阴道运动体操也是值得推荐的。经血的排出是靠子宫收缩，但我们无法自行控制子宫，需要让与子宫联动的阴道活动，产生连锁效应。

最简单的呼吸帮助联动的技巧是：保持站立，吸气时想象自己穿着小一码的裤子且找不到厕所的感觉；然后闭紧嘴巴，屏住呼吸，把身体想象成一个气球，如同有人在向你体内吹气，你的胸腹部像气球一样扩张；再自然吐气，释放呼吸。

月经期间，试着每天重复 10 遍以上。由于经期的新陈代谢本身就会加快 30%，如果配合这个呼吸法，你会觉得燃脂效率显著提升，事半功倍。

◎ 改变饮食结构，促进血液流动 ◎

经血与食物息息相关。如果摄取过多的糖分、盐分或油脂，经血就会比较黏稠，而子宫会费力让经血排出，才导致痛经。

虽然经期的每日基础代谢值会升高 200 ～ 300 千卡，可以适当地放飞一下自我。但其实这段时间是选择低碳水饮食的最佳时机，有些妹子在生理期还会觉得恶心反胃，从而减少食物的摄入。要想解决血清素降低带来的对碳水化合物的渴望，可以考虑补充色氨酸，或者吃一些富含这种氨基酸的食物，如鱼肉、鸡肉、豆类和南瓜子。这段时间的你会水肿，口味比较重的妹子更容易水肿，而且水肿会持续到月经结束，所以保持清淡饮食是经期消水肿的根本。

除了月经期间需要注意饮食外，月经来之前的 7 ~ 10 天更该注意饮食。

首先，要明确什么食物不该吃。含糖、盐、脂肪过多的食物，尤其是脂肪类食物和含糖食物，会让胆固醇增加，血液会更加浓稠。

例如泡面、微波食品、速食食品和甜面包都列在黑名单上，不得不谨慎。如果真的忍不住破功，可以饮用无盐且无糖的鲜榨常温蔬果汁或柠檬水，可以帮助体内快速排出多余的盐与糖。

有人会问，是不是多吃红糖能帮助排经血呢？

其实红糖中 95% 以上的成分是蔗糖，与白糖相比，红糖的营养价值的确要高很多，这是因为红糖中保留浓缩了甘蔗当中的矿物质营养成分，比如红糖中的铁含量是 2 毫克 /100 克，和大枣相当。

一个每月正常来月经的健康成年女性，每天需要 20 毫克的铁。如果要靠大枣或红糖来供应，需要吃 1 千克的红糖。这显然是不可能的。所以想靠红糖来补血补铁是不现实的。

接下来，再来说说什么食物应该吃。

可以积极地摄取黑色食物，如黑芝麻、海苔、海藻、紫菜、黑木耳和乌梅等。在中药里，黑色食物被认为能够控制生殖激素与肾脏运作。吃了黑色食物后肾功能被激活，血液流动速度也加快，就能缓解痛经问题。

◎ 尤其要避免精神紧张 ◎

精神紧张或者是情绪失控都不利于排经血，很容易导致内分泌失调，甚至使经期时间不准，量也不稳定。所以，与其花大价钱代购国外的补铁补血的营养液或者高端红糖，不如自己调整心态，在经期听听音乐，看看电视剧，放松自己的紧张感来得有效。

◎ 利用经期，合理安排饮食和运动 ◎

除了经期增加经血通畅可以起到排毒的作用外，巧妙利用整个月经循环周期和身体激素变化进行运动和饮食，身体会很容易达到健康紧致的状态。

依照体内激素的高低，可以将整个周期分为“行经期”“排卵期”“黄体期”“分泌期”4 个阶段。

“行经期”顾名思义就是“大姨妈”光临的这段时间：经期想减肥的念头基本可以打消，就算注意运动和饮食也只是能帮助经血顺利排出。因为经期水肿很常见，伴随水肿体重增加 500~1 500 克也属于正常现象。但是，千万不可因为体重增加就急着减肥，一是无法真正减掉脂肪组织，二是体重掉得也相当吃力。

“排卵期”是下次月经前的第 10~19 天，因为激素分泌旺盛、新陈代谢加快，所以是减肥的最佳期，少吃多动就会明显看到瘦身成效。建议在排卵期多做有氧运动，促进热量消耗，甚至可以在这一周保证 7 小时以上的运动量。

由于排卵期消耗快，所以吸收营养的效率也同样加快，若吃下肚的营养不能被马上消耗掉，多余的热量就会转化为脂肪囤积在体内。所以，除了多动以外，排卵期想减肥的话，还是要少吃。

“黄体期”是月经后的第 14~21 天，也就是经期结束后的第 2~3 周，属于减肥的停滞期。由于这个阶段体内的雌激素下降、黄体素上升，新陈代谢变慢，开始进入减肥瓶颈期，体重不容易下降。此时多吃低 GI 食物格外重要。若此时克制不住诱惑，大量吃蛋糕、巧克力、吐司等高 GI 食物，容易造成血糖上升，身体为了应对突然上升的血糖，便会刺激胰岛素分泌平衡血糖，方法就是将食物的糖分转化成脂肪囤积在体内。胰岛素将血糖转换成脂肪后，血糖快速下降，此时大脑又会判定血糖太低，让身体发出饥饿的信号，让你忍不住又开始吃吃喝喝，“肥胖恶性循环”就这样产生了。因此，处于黄体期的女性，一定要好好忌口，切莫贪吃甜食和主食。运动也必不可少，运动既能防止体重上升，同时也能破除减肥瓶颈的魔咒。

“分泌期”是月经后第 21~28 天，也就是经期结束后的第 3~4 周，下次月经来临的前一周。这个阶段受到黄体素的影响，身体容易水肿、皮肤会变油腻、情绪也不稳定，减重计划非常容易在这个阶段破功，往往会食欲大增，开始大吃大喝解放自己。建议避免吃过咸的食物，避免对味蕾的刺激，避免体内的盐分、水分储存量增多，造成水肿。你可能会出现疲惫不好动的身体反应，所以可以适当减少运动量，让身体稍作休整，为下一个月经周期的运动做准备。

最后，我们来总结一下。首先，我们要让经血通畅排出，可以利用经期专用的呼吸法、喝温开水等方法让经期顺畅地结束。其次是利用整个月经周期来有效运动和合理饮食：行经期适量吃适量动，不考虑减重；排卵期少吃多动，抓紧减肥；黄体期要注意饮食，配合运动，控制体重；分泌期注意休息，少吃重口味食物，防止水肿。做到这些，我们就能智慧减肥，轻松控制体重了。

PART

第5章

减糖期间如何正确选择食物

学会看食品包装上的营养标签

我之前一直强调少吃碳水化合物就能瘦，有人就提问：“我基本不自己做饭，都是在外面吃或者从超市采购成品，很难控制碳水化合物，那我还能瘦吗？”

其实，不做饭不是无法减糖的理由，需要经常在外采购食品的人，只要学会了看食品的成分标签，也能把相对健康的食物选出来。

那么，食品成分标签是什么呢？是政府强制要求商家在食品包装上注明的食品信息。就像政府强制要求在烟草包装上注明“吸烟有害健康”一样，那些加了反式脂肪、高糖、高钠和滥用添加剂的食品，商家们也都必须通过标签告知消费者，是否购买由消费者决定。所以，学会看成分标签确实是个非常实用的技能。

首先，食品成分标签一定会含有的信息是：名称、规格、净含量、生产日期、保质期、成分配方、厂家信息、生产许可编号和营养成分表。

我们究竟要怎么看食品标签呢？

一看名称。

酸奶和酸奶饮料虽然都是酸奶，但有本质的差别，一种是乳制品，一种则是饮料。所以，先看清楚商品的名称非常重要。

二看生产日期。

除了要挑选尽可能新鲜的食品外，保质期短比保质期长的食品，相对添加的防腐剂肯定更少，也就更健康。比如，保质期为 7 天的酸奶一般会比保质期为 90 天的酸奶配方更纯，保留了更多的营养。

三看成分配方。

配方表需要按照添加比例从高往低注明。举个例子，德芙牛奶巧克力成分配方的排列顺序是：白砂糖、可可脂、脱脂乳粉、食用添加剂和食用香料。也就是说，这款巧克力中添加比例最大的其实是糖，所以糖排在第一位。所以，根据成分配方表，我们就能大致猜出各种配方添加的比例了。

四看营养成分表。

一般来说，营养成分表一共有 3 列信息。

第 1 列，展示主要营养成分的名称。我国强制要求食品标签标出 5 种核心成分的含量：蛋白质、脂肪、碳水化合物、钠以及能量。

第 2 列，展示每 100 克食品中所含各营养成分的量。

第 3 列，展示每 100 克食品中，所含的营养素占人体一天所需营养素的百分比。

当然，有些品牌也会自愿标注更多的营养值信息，比如钙、铁、钾等营养素的含量。也有很多品牌会标示每 10 克或者每 30 克食物所含的营养素含量，这就需要我们自己换算一下，方便与其他同类食品进行比较。

最重要的是识别碳水化合物

对于食品标签上的营养成分表，相信很多人最关注的是热量值。我们之前也已经解释了很多大家对减肥的常识性误区，到这里，我们应该已经知道，减肥路上最应该关注的营养指标其实是碳水化合物含量。

我们的食物中，除了脂肪、纯净水、咖啡、茶、盐，几乎都含有碳水化合物。要做到零碳水化合物几乎是不可能的，但尽可能地把碳水化合物含量控制到较低的标准，其实是不难的。

碳水化合物存在于食物中的形式有三种：糖、淀粉和膳食纤维。糖容易让人发胖，因为它是精炼的碳水化合物，也就是之前反复提到的高 GI 食物。还有一类碳水化合物，也是非常容易让人发胖的，那就是淀粉，也就是主食中的成分，这就使得那些吃起来并不甜的食物却含糖量很高。

淀粉并不是对身体不利，它可以为我们提供能量。淀粉的供能方式快速且直接，也是目前最常用的人体供能物质。我们常说："人是铁饭是钢，一顿不吃饿得慌。"米饭、面条这样的标准碳水化合物确实能给我们提供能量，缺少了这些能量的补给，我们会感觉无力、饥饿，大脑供氧不足。淀粉类的主食不是直接的糖，而是间接的糖，我们摄入这些淀粉类食物后，很快也会在身体内分解成葡萄糖。

玉米、红薯等杂粮类食物，同样富含淀粉，只是比精炼的纯淀粉主食多了更多的膳食纤维。虽然膳食纤维也是碳水化合物，但是它进入人体后，热量很少，能维持饱腹感较久，也能让人体转化和吸收葡萄糖的速度变慢。我们说的低 GI 食物就是膳食纤维含量高的碳水化合物食物。所以，如果你一定要吃主食，吃含膳食纤维多的五谷杂粮类低 GI 食物，会更加健康。

之后我们在进行减糖饮食中，**在计算碳水化合物含量的时候，需要去掉膳食纤维的含量，因为这些碳水化合物是好的碳水化合物，对胰岛素的影响很小，我们可以这样来计算，即“净碳水化合物 = 总碳水化合物 − 膳食纤维”**。所以，淀粉、糖这类的碳水化合物，就是我们在购物的时候需要格外留意的成分了。

如何通过成分标签选择食物

既然我们知道了在选购食品时，碳水化合物是需要关注的重要指标，那么该如何选择呢？

首先，需要看成分标签标注的是每 100 克的食物的营养值，还是每 5 克或者每 10 克的营养值。这是商家的小把戏，营养值不能作假，但是参考物的总量可以放低呀，所以一旦我们看到标签是就每 5 克的数据，整个数据就需要放大 20 倍，每 10 克的数据，就要放大 10 倍，以此类推。

所以，当你看到一款早餐麦片标注着 30 克的麦片里碳水化合物含量是 25.2 克，膳食纤维值是 1.2 克时，你要做的就是先算出除去膳食纤维的净碳水化合物含量，也就是 24 克，再换算出每 100 克早餐麦片中的净碳水化合物含量是 80 克！也就是说，这款早餐麦片的 80% 的成分都是淀粉和糖类的碳水化合物，这个比例可是相当高啊！

不过，通常你买来的燕麦片上的食物成分标签如表 5-1 所示。

表 5-1　燕麦营养成分表		
项目	每 100 克	营养素参考值 %
能量	1567 千焦	19%
蛋白质	12 克	20%
脂肪	8.6 克	14%
碳水化合物	55.8 克	19%
膳食纤维	12 克	48%
钠	7 毫克	0%
维生素 B_1	0.3 毫克	19%
镁	118 毫克	39%
铁	4 毫克	27%
锌	2.4 毫克	16%

既然我们找到了计算方法，以后大家看到一个食品的成分标签，要做的就是把除去膳食纤维的净碳水化合物含量找出来，再计算出在 100 克的标准下净碳水化合物含量占总营养值的比例，如果占比高于 30%，你就不要碰了，低于 30% 的基本都能吃。当你开始重视食品成分标签上的碳水化合物含量的时候，你的减肥计划就算是成功了一大半啦！

膳食纤维虽好，但不能当饭吃

在营养学中，碳水化合物、脂肪、蛋白质、维生素、矿物质和水，是人体六大重要营养素，都不可或缺。其实，严格来说，应该是“七大营养素”，排行老七的就是膳食纤维。

膳食纤维可以分为两个类别：可溶性膳食纤维和不溶性膳食纤维。可溶性膳食纤维，顾名思义就是可在水中溶解，吸水会膨胀，并且会被大肠中的微生物发酵分解的一类膳食纤维。当然，它们是看不见的，主要以胶质的形式存在，蔬菜、水果、坚果、豆类中都有它们的踪影。可溶性膳食纤维如果和淀粉一起摄入，可以降低肠道对碳水化合物的吸收率，稳定餐后血糖。

以前上课的时候，我说用破壁机搅拌的蔬果昔中富含膳食纤维，有同学反驳我：“蔬果被搅碎了，膳食纤维不都断了吗？”我说：“同学，你以为膳食纤维是像毛线一样的东西吗？膳食纤维其实特别小，是配合肠道蠕动的分子，并不会被破壁机破坏掉。”

不溶性膳食纤维则更直观，主要存在于植物的表皮层，所以全麦制品、不

去皮的豆类、果皮、根茎类植物都含有不溶性膳食纤维。简单来说，就是咀嚼时让你感觉最费力的东西，都是不溶性膳食纤维在作祟。为了提升口感的细腻度，现代食品加工通常会去掉这类成分，比如大米、面粉等，就去掉了富含不溶膳食纤维的外皮和胚芽。甘蔗富含 60% 的膳食纤维，但提取的白砂糖就不含膳食纤维，这就是典型的原生态食品与加工食品之间的差别。

低 GI 碳水化合物食物之所以吃了不容易发胖，就是因为膳食纤维含量高，降低了血糖上升的速度，从而不容易堆积脂肪。

不溶性膳食纤维充当肠道清洁工的角色，它能帮助胃肠道蠕动，加快食物通过胃肠道的速度，减少毒素在肠道停留的时间；不溶性膳食纤维就是松土的园丁，在大肠中吸收足量的水分以软化大便，防止大便硬化和长时间滞留在体内。在膳食纤维的帮助下，我们能防止过多的热量和蛋白质摄入身体，不仅能够减肥，对预防糖尿病、高血脂以及心脑血管疾病也非常有帮助。

如今，受便秘困扰的人越来越多了，原因显而易见，平日里蔬果、豆类的摄入量太少，以及经常吃精加工食物。这两个原因直接导致两种膳食纤维补充不足，便秘也就很容易出现了。

那么，什么食物里膳食纤维含量高呢？粗粮、豆类、蔬菜、水果中含有大量的膳食纤维，建议平时多吃。然而，以美味的蛋糕、饼干、火腿肠、泡面、膨化食品为代表的精加工食物，虽然很好吃，但是膳食纤维含量极少，建议尽量远离。

因为膳食纤维遇水会膨胀，故能够提高饱腹感而降低食欲。所以，平日多吃富含膳食纤维的粗粮、蔬果、豆类、菌菇类，并多喝水，你想变成胖子都难！

膳食纤维不是越多越好

任何好的东西都不是越多越好，比如膳食纤维这种营养素，无法被人体吸收，摄入过多则影响身体对铁、锌、镁、钙等矿物质的吸收，而且可能会造成部分人群胀气、腹胀等情况。不溶性膳食纤维会吸收肠道中的水分，如果喝水不足，反而更容易造成便秘。

但也不用担心，日常饮食中只要把精制主食改成粗粮主食，多吃一点蔬菜、水果和豆类就可以了。世界卫生组织建议成年人每日应摄入的总膳食纤维量为27~40克，中国营养学会提出的中国居民膳食纤维摄入量应为25~35克。大家可以去网上查一下各种食物的膳食纤维含量，做到心中有数。

现在，市面上有很多膳食纤维补充类产品，比如片剂、饼干、粉剂等。我就详细说一下纤维饼干吧。近年来炒得火热的某天价代餐纤维饼干，号称减肥神器，具有强大的代餐能力，其实跟市面上的大部分代餐饼干一样，是用小麦粉、麦麸、燕麦、豆粉和一些甜味剂做成的。有的代餐饼干，为了让口感更好，还添加了氢化油，对人体健康有很大危害。

所以，想补充膳食纤维又想吃饼干，倒不如自己做。将椰子粉、椰子油、鸡蛋、香蕉、少许盐和苏打粉混合均匀，然后捏成饼干形状，放入烤箱，就可以做出健康的高纤维饼干了。想换换口味，也可以加入抹茶粉或者可可粉，制作抹茶味或者巧克力味饼干；还可以加入巴旦木、核桃等坚果，增加更多的风味和膳食纤维。自己动手，不仅其乐无穷，而且不会因为过量的精制碳水化合物和糖分而增加身体的负担。

除此以外，还有一种非常简便的膳食纤维补充法，就是用破壁机制作绿色蔬果昔。所谓破壁，其实是指搅拌机的转速极快，足以将植物的细胞壁击破，这样不但有利于我们吸收蔬果中的营养素，而且由于纤维都得到了保留，所以也更有饱腹感，适合用来代替早餐或者晚餐。

绿色蔬果昔，顾名思义，是蔬菜和水果的组合，绿叶蔬菜在其中充当了很重要的角色。菠菜、油麦菜、羽衣甘蓝、芥蓝都是很好的原材料。水果则应尽可能选择熟透且富含果肉的品种，比如香蕉、苹果、芒果、草莓、菠萝。破壁机搅拌的过程中，需要水帮助搅拌刀运转，所以千万别忘记加水。不讲究的话，加饮用水就可以；如果需要更多功效，比如想补充蛋白质，可以加巴旦木奶、椰奶；想补充矿物质，就可以加椰子水；想增加维生素，就可以加柠檬水。把所有食材放进搅拌机中，1 分钟的时间就能做成一杯富含膳食纤维的绿色蔬果昔。对于不爱吃绿叶菜的人和平日里没时间补充膳食纤维的人来说，这就是方便快捷的健康快餐，不但营养价值高，而且味道也很好。

好的油脂，能助减肥一臂之力

在普通人的认知里，常规减脂方案就是，少吃或者不吃脂肪，再配合运动，瘦身就是水到渠成的事情。对于这个方案，我表示毫无异议。问题在于，你做不到——1 千克脂肪可提供 9 000 千卡的热量，理论上来说，为了减掉 1 千克的脂肪，你需要每天跑步 1 小时，坚持 15 天，才能消耗 9 000 千卡的热量。

很多人以为，运动流汗就是在减脂，但汗液是由水分、电解质以及代谢废物组成的，因流汗而减掉的体重，喝水也能喝回来。但这并不是说你就不需要运动了，运动的主要目的是增加肌肉，所以运动的直接效果是身材变好。如果你追求的是身材紧致，那么运动必不可少。

若要去掉脂肪，你需要做的是提升身体的脂肪代谢能力。在正常情况下，为身体提供能量的物质是糖原，身体的能量消耗顺序也是先消耗糖原，再消耗脂肪，最后消耗蛋白质。糖原主要来自碳水化合物，所以“吃饱饭才有力气”这句话是有一定道理的。

如何做到消耗脂肪？答案就是减少糖原的摄入。当体内的糖原全部消耗完了，自然就会开始启动第二顺位的消耗模式。换言之，只有降低碳水化合物的摄入，减少体内的糖原，脂肪才能有用武之地，而且一旦优化了饮食中碳水化合物和脂肪的比例，你就不必谈脂色变或者谈油色变了。

好脂肪和坏脂肪

虽说脂肪没有传统观念中那么可怕，但脂肪也分好脂肪和坏脂肪，不是所有脂肪都能被肆无忌惮地吃进肚子里。

从健康角度来说，我们将食用油脂分为单不饱和脂肪酸类、多不饱和脂肪酸类、饱和脂肪酸类和反式脂肪酸类。

首先，我们要避开反式脂肪酸类食物，比如奶茶里面的植脂末、方便面里的氢化油、羊角酥饼里的起酥油、廉价蛋糕和甜甜圈里的植物奶油……摄入反式脂肪酸，会导致身体容易发炎、油脂分泌过剩，还会增加血液中胆固醇的含量，提高患心血管疾病的风险。这类油脂一般会搭配单一碳水化合物、糖，制作成甜点。如果你能成功戒掉糖和淀粉，就可以避开这类油脂。

饱和脂肪酸和不饱和脂肪酸不存在绝对的好与坏，只是在烹饪方式和饮食搭配上存在差别。

比如，单不饱和脂肪酸含量多的“好油”——葵花籽油、牛油果油、橄榄油等，都是全球公认的健康油脂，可以帮助我们改善胰岛素抵抗、保护心血管、预防心脏病。但这些油最好用来低温凉拌，或者直接淋在做好的菜上，在高温状态下极容易氧化，释放有害物质，所以不宜用来爆炒和油炸。

中国人常用的食用油——玉米油、菜籽油、花生油、大豆油等，属于多不饱和脂肪酸的油脂，高温烹饪后会产生有害物质，所以不建议多食用。

富含饱和脂肪的油脂，比如黄油、猪油、椰子油，在高温的状态下极其稳定，适合炒中式菜肴，我们可以放心食用。

除了各种油以外，肉类和鱼类也是脂肪含量大户。虽然我不吃肉，但我的弹性素食饮食习惯中仍然保留了吃鱼的习惯，因为当碳水化合物摄入量受限制后，身体就十分需要摄入脂肪，所以我需要鱼类来保障脂肪和蛋白质的营养补充。如果你是个肉食者，只要你减糖，调整为低碳水饮食，你仍然可以保持吃肉的习惯。

肉虽然可以吃，但怎么搭配有讲究。最好不要选择“高碳水化合物 + 高脂肪”的搭配，比如大排配面条、红烧肉配米饭、啤酒配炸鸡等，而牛排配西蓝花、烤鱼配蔬菜则是我非常推荐的组合。

减糖期间也能喝的美味饮品

如果你问我最好的食物是什么，我可能一下子回答不上来。但如果你让我推荐最好的饮品，我会毫不犹豫地回答：矿泉水！

生活的乐趣在于品尝食物的风味，只喝没有味道的矿泉水，显然无法满足我们的味蕾。其实，除了矿泉水，我们还可以选择无糖、低碳水化合物、低热量的美味饮品，比如无糖气泡水、有天然甜味的椰子水、美白肌肤的柠檬水、无糖却有甜味的花果茶、现泡的绿茶和红茶、帮助排毒的蔬菜汁、提神的黑咖啡、不含乳糖的巴旦木奶，甚至是抗氧化的红酒。

下面我详细介绍几种饮品。

◎ 无糖花果茶 ◎

在这些饮品中，可以无限畅饮的就是无糖花果茶了。我强烈推荐莓类水果，比如蓝莓、草莓，还有柠檬，可以放心大胆地喝饱喝足。

无糖花果茶，我称之为“排毒水”。做法很简单：准备一个透明瓶子，放入新鲜的柠檬片、菠萝片、黄瓜片、薄荷叶，或者任何你喜欢的水果，加入纯净水或矿泉水，冰箱内放置一夜，第二天就可以开盖饮用了。

好喝的排毒水不仅无糖无香精，而且口感远胜各种果味饮料。水果中的可溶性膳食纤维经过一晚上的浸泡会融入水中，能够增加肠道内的膳食纤维量，为身体注入新鲜水分。只要不吃水中的水果，排毒水的碳水化合物含量都是相当低的。

◎ 黑咖啡 ◎

千万不要喝加糖、奶或者巧克力酱的花式咖啡，否则你就会因为摄入了过量的碳水化合物而发胖。

一天喝 3 杯以内的黑咖啡，身体是能够正常代谢掉里面的咖啡因的。但如果你需要一天喝 5 杯咖啡才能精力充沛地应付工作，那你的身体很有可能会缺水。因为咖啡因会利尿、刺激血脂上升，增加心血管负担，加倍排出水分，导致需求量跟不上补充量，身体处于长期缺水的状态，对器官和皮肤都不好。

美国深度减糖饮食界最火的饮品就是号称能燃脂减肥、提神醒脑的防弹咖啡，标准配方就是椰子油、草饲黄油、黑咖啡，制作起来很简单，偷懒版配方更简单，椰子油加黑咖啡就可以了。防弹咖啡味道很香，像拿铁咖啡，但不含奶和糖，仅含有大量的饱和脂肪。

在深度减糖期间，身体会因为几乎没有碳水化合物的摄入而消耗脂肪，需要补充大量的脂肪，而防弹咖啡是上佳的脂肪补充方案。而且，咖啡因加饱和脂肪的配方，作用堪比兴奋剂，能够大幅提升饱腹感和精气神。所以，用一杯防弹咖啡来代替早餐是减肥的好选择。但是，防弹咖啡最好配合低碳水饮食，你不能一边吃着米饭、面食、蛋糕，一边喝着防弹咖啡，高碳水化合物加高油脂的摄入，会让你的体重迅速增加。

◎ 绿茶和红茶 ◎

很多人喜欢喝奶茶，幸运的是，即使你处于深度减糖阶段，也可以安心喝奶茶。一定要是用鲜奶油和浓茶制作的奶茶，味道类似于泰式奶茶和印度奶茶。但如果身体仍在利用糖分代谢，不如喝无奶的绿茶、红茶。茶永远都是健康之选。如果担心咖啡因影响睡眠，可以选择薄荷叶茶、茉莉花茶、玫瑰茶、生姜柠檬茶或者姜黄肉桂茶。

◎ 植物奶饮品 ◎

巴旦木奶、椰奶和椰子水，都是适合健身人士补充营养的天然运动饮品。椰子水是目前市面上最容易买到的健康饮料，而市面上的椰奶因为追求口感，都会加入大量的糖，所以不建议饮用。我们可以买椰青，自制天然椰子水和椰奶。

巴旦木奶如果很难买到，我们可以自己做。做法很简单，生的巴旦木用水泡一晚上，按照一把巴旦木（大约 30 克）加一杯水（250 毫升）的比例，用搅拌机打 2 分钟就好了。自制的无糖巴旦木奶碳水化合物含量非常低，且含有优质蛋白质和脂肪，是奶制品的最佳代替品！想体验更多口味，也可以在原味的基础上加入抹茶粉、可可粉、红茶、咖啡等。

◎ 葡萄酒 ◎

减糖期间是可以喝酒的，但只建议喝干葡萄酒。干葡萄酒每升仅有 4 克的糖分，所以深度减糖期间每天喝一杯是可以的。其实，各种烈酒也都是无糖低碳水化合物的，但如果你爱喝的是现在颇为流行的小甜酒、鸡尾酒，还有精酿啤酒，那就赶紧戒掉吧。酒精和果汁、糖的搭配，永远是减肥道路上的绊脚石。

解密超级食物，理解真正的药食同源

最近几年，超级食物的概念日益火热。那么，超级食物究竟是什么呢？“超级食物”最早是 1980 年由美国从事饮食疗法的医生提出的，定义为“营养超群又全面、热量较低、有利于健康的天然食物”。这和中医讲究的“药食同源”有相通之处。但超级食物本身不是药，不是保健品，而是纯天然的植物。

超级食物的特点

超级食物有两大特点：

1. 营养密度高。

这就意味着，这类食物能够让你在忙碌的工作状态下也能轻松摄取足够的营养。

比如，奇亚籽中Omega－3脂肪酸的含量远超三文鱼，吃了能让你更聪明。对于作息不规律、缺乏运动的白领们，超级食物中所含的饱和脂肪酸、零胆固醇、维生素C和多酚等抗氧化物质可“对症下药”，调理亚健康体质。

2. 纯天然。

是药三分毒，但超级食物和药物不一样，它们来自植物的根、茎、叶，很像中医使用的草药，但都是安全可食用的食物，有着相当久远的食用历史。火遍欧美的超级食物——枸杞、抹茶、生姜，都是中国自古沿用的药膳配方。

超级食物的好处

同样是食物，有些食物会增加患病风险，有些食物则会降低患病风险。超级食物就是能降低患病风险的食物，它们有些能帮助我们补充缺乏的营养，有些能改善慢性疾病，有些能帮助修复身体损伤，有些能有效预防癌症，有些能延缓衰老、保养肌肤或维持身材。

当然，超级食物毕竟不是药物，不能依靠它们来治疗疾病，但完全可以用它们来平衡和补充加工食品中所缺乏的营养。

超级食物有哪些

接下来，我要为大家介绍一些适合在减糖期间食用的超级食物。这些超级食物一直是我的厨房里常备的食材。

◎ 姜黄 ◎

首先要提醒一下大家，姜黄不是生姜。如果说生姜是中国料理的必备，那么姜黄便是印度料理的灵魂。咖喱的颜色和香味，都来自这种有着明黄色彩的根茎。但姜黄的作用不止于此。

姜黄中含有一种活性植物成分——姜黄素，它能够抗菌消炎、改善皮肤病症状、强化呼吸系统、缓解关节疼痛、对抗阿尔兹海默症甚至抗癌。姜黄的这些功效，近年来不断得到现代医学的认可。

你可以买一瓶姜黄放在厨房里，炒菜、煮汤、做沙拉的时候放一些，甚至还可以用于制作蔬果昔。总之，找到一种能够让你接受其味道的做法，坚持吃下去，便可以看到效果。

◎ 肉桂 ◎

肉桂是我的心头爱，吃东西的时候喜欢放一点——主要是因为肉桂能降血糖。

我们都知道，血糖上升会出现糖化反应，导致衰老，而肉桂可以减缓胃部排出食物糜的速度，使饭后血糖不会急剧上升。美国佐治亚大学的一项研究也发现，肉桂能够防止高血糖引起的组织损伤和炎症，降低体内的糖化反应。所以，其实你看到市面上的那些抗糖丸、抗老化产品，里面的主要成分很多都有肉桂。

如果你是个甜食爱好者，对糖有了警惕心，但仍然戒不掉糖的话，那就在吃甜食的时候加点肉桂粉吧，或者选择吃肉桂饼干、肉桂面包。星巴克的自助台上就有免费的肉桂粉提供。当吃糖带来罪恶感时，赶紧用肉桂粉平衡一下吧！

◎ 亚麻籽 ◎

亚麻籽被称为植物界的“脑黄金”。1 汤勺（10 克）亚麻籽中所含的 Omega-3 脂肪酸高达 3 800 毫克，相当于深海鱼油的 10 倍。亚麻籽中特有的脂肪酸和植化素可以共同对抗身体炎症。研究发现，亚麻籽中所含的木酚素可以抑制癌细胞的生长。亚麻籽中所含的亚麻酸，能起到很好的降血脂、改善血液循环、抑制血小板凝聚的作用，对心脑血管疾病有良好的预防效果。很多面包上都撒了厚厚的一层亚麻籽，纯素面包也常常用亚麻籽粉代替鸡蛋，以增加面包的筋道感。做生酮面包的时候，也可以用亚麻籽粉混合巴旦木粉发酵制作。

当然，做蔬果昔的时候加一勺亚麻籽粉，你会发现排便会变得更顺畅。

◎ 火麻仁 ◎

火麻仁是一种营养价值极高的植物，广泛种植于广西长寿之乡巴马。火麻仁富含植物蛋白质，而且这种蛋白质跟人体内的蛋白质结构极其相似，所以很容易被人体消化和吸收。目前，火麻仁粉和火麻仁油都可以买得到，功效上也都差不多。

亚麻籽里富含 Omega-3，而火麻仁里富含 Omega-6，这两种脂肪酸都非常有助于保护心血管和减轻身体炎症。除此以外，火麻仁还具有帮助消化、改善便秘、缓解疲劳等功效。

至于吃法，用火麻仁油作为日常使用的凉拌油或者每日口服一勺，都是可行的。每天喝一杯火麻仁粉兑的水，也是不错的方法。

◎ 奇亚籽 ◎

奇亚籽在种子类食物中蛋白质比例是最高的。奇亚籽的吸水性特别强，进入人体以后会膨胀变大，能刺激肠道，适量食用可以帮助排便。它富含天然 Omega-3 脂肪酸和其他抗氧化活性成分，在酸奶、沙拉里加上一勺，可以平复身体炎症，代谢体内有害物质。

两勺奇亚籽所含的钾元素超过了一根香蕉，所含的抗氧化物是同样重量蓝莓的 2 倍，能够提供 41% 的每天所需的纤维素。对于乳糖不耐受或不爱喝牛奶的人来说，奇亚籽是非常优质的钙质来源，所含钙质是牛奶的 6 倍。

你可以用一份体积的奇亚籽和两份体积的椰子水混合，放置一晚后就变成了椰子奇亚籽布丁，可以用来当作早餐。需要注意的是，奇亚籽布丁极具饱腹感，而且奇亚籽吸水后体积会变大，所以制作的时候一定要控制用量，以免做多了吃不完而浪费。

◎ 牛油果 ◎

貌不惊人的牛油果，口感却如奶酪般醇香，是公认的超级食物。它含有 20 多种维生素、矿物质和植物营养素。牛油果中含有的油酸是一种单不饱和脂肪酸，可代替膳食中的饱和脂肪，有降低胆固醇的功效；所含的维生素 B_1、维生素 B_2 可使皮肤光滑柔嫩，维生素 C、维生素 E 能帮助抑制衰老；牛油果还含有丰富的叶酸，能预防胎儿出现先天性神经管缺陷，减少成年人患癌症和心脏病的概率。牛油果也非常适合不爱吃肉的人群补充优质脂肪。

很多人难以接受牛油果的味道，那么你可以用牛油果、洋葱、柠檬汁、海盐混合制作成墨西哥人最爱吃的蘸酱，超级美味，绝对值得尝试！

◎ 椰子油 ◎

菲律宾人将椰子油称为“瓶子里的药店”，可见椰子油的功效。椰子油的主成分是月桂酸，它也是母乳中油脂的主要成分。月桂酸可以提高身体的免疫力，有很强的抗菌效果，适合儿童、老人及抵抗力不足、易感染的人群食用。鱼油、黄油以及其他植物油都是长链油，分子结构比较长，唯有椰子油是最容易燃烧的中链脂肪，可以帮助瘦身减肥。

你可以用椰子油、黄油和咖啡制作防弹咖啡，平日里可以用椰子油炒菜。相信你也会和我一样，学会了使用椰子油，就会离不开它！

◎ 枸杞 ◎

枸杞中含有丰富的胡萝卜素、维生素、矿物质、氨基酸等成分，对于肾脏、肝脏、肺有很好的滋养作用，还能够保护眼睛。坚持吃枸杞，能够补肾、延缓衰老、护肝、预防贫血、滋养皮肤、提高免疫力。但要注意的是，感冒或身体有炎症、腹泻期间不宜进食枸杞。成年人每天食用枸杞的量要控制在 20 克以内，若食用过多，会吸收大量的热量，对身体代谢造成很大的负担。枸杞可以和菊花一起泡水，效果更佳。

◎ 绿茶 ◎

绿茶在我们的生活中比较常见。将绿茶磨成细粉，就是抹茶；从茶树上提炼的油脂，就是茶树精油，可以抗菌消炎。

绿茶中的茶多酚能促进新陈代谢，消除脂肪细胞，达到减肥和改善心血管疾病的效果。绿茶的抗氧化能力不容小觑，然而，一汤勺抹茶粉的抗氧化效果比一杯绿茶要高出很多，所以可以在家里备一些抹茶粉，用来制作料理、泡水或者打蔬果昔。每天喝一杯绿茶，能够改善肤色。另外，茶树精油对肠道、皮肤都十分友好，也可以搭配面霜涂抹，用来改善皮肤炎症和痘痘肌。

◎ 可可 ◎

巧克力是用生可可做的，但巧克力不等于生可可。生可可粉是我非常推荐的超级食物。你可以用生可可粉混合椰子油，冷冻以后就是好吃的无糖巧克力。除此以外，用生可可粉冲水喝或者制作料理，都不会让巧克力爱好者失望。对于戒不掉巧克力的人来说，常备一些可可粉，自己制作巧克力味道的美食，可以规避市面上巧克力的高糖分问题。生可可最重要的功效就是抗氧化，效果比葡萄酒还好，是改善肤质的完美食物。而且，生可可提神醒脑、补充蛋白质和矿物质的效果也超级棒。

超级食物有副作用吗

虽然超级食物营养丰富，但也要注意摄入量，否则很有可能起反作用。想要吃得健康，除了要吃对食物，更重要的是要维持饮食均衡。例如，牛油果虽然是好东西，但热量实在不低，如果毫无节制地吃，反而会因为摄入过多脂肪而发胖。因此，我希望大家不要看到超级食物就眼睛一亮，把它当作主食吃。记住，相比食物本身，食谱和配比同样重要。

最后，需要注意的是，你可以认为超级食物是“食物补充剂”或者“天然营养素”，但不要把它当成灵丹妙药。

PART

第 6 章

适合每个人的减糖饮食方案

少有人会拒绝的蔬果昔断食法

8 年前，我在一家外贸公司工作，给法国老板做私人助理。当时，我的老板每天都带着一大瓶深绿色的浓稠液体在公司喝。我很好奇，但心想那东西一定超级难喝。直到有一天，我鼓起勇气，下决心找老板讨一口来试试味道。

结果，这瓶深绿色黏稠液体的口味完全颠覆我的想象，它竟然有一股热带水果的清甜味儿。后来，法国老板告诉我，这叫 Green smoothie，中文直译过来就是“绿色蔬果昔”，没有固定的食材搭配，冰箱里有什么就放什么，但一定要加绿叶菜和水果。不管怎么搭配，保证不难喝。

于是，我开始疯狂研究绿色蔬果昔的前世今生。

但在当时，绿色蔬果昔是非常小众的东西，根本找不到相关资料。我只能参考英文博客上的菜谱，每天买水果和绿叶菜，将网站上推荐的蔬果昔菜谱全部尝试了一遍，还订阅了各种 21 天、30 天蔬果昔排毒挑战，了解到了更多的排毒知识。

有一天，一名男生拿着一本《神奇的肌肤能量书》来找我。他小心翼翼地在我面前取下帽子和围巾，露出脸上遗留的痘痘痕迹。他向我讲述他的抗痘史。原来，为了满脸的痘痘，他几乎用尽了所有方法，从中医到西医，从护肤到微整，都不见好。最后，他看了好莱坞不老明星兼营养师金柏莉的这本书，整本书就在讲要吃全植物、无添加、少加工的天然食物，特别是绿色蔬果昔。他了解到，蔬果昔中的活性酶能够彻底解决皮肤问题。于是，他开始喝蔬果昔。很快，他的皮肤就得到了改善，没有再长新的痘痘。他说，这一切都归功于从酸性饮食转变为全植物性饮食的习惯。

其实，绿色蔬果昔之所以能够成为健康饮品，关键在于它包含的成分能够帮助加快新陈代谢，并为人体补充水分。而且，这种天然饮品能让人体在短期内发生明显的变化。

我们用绿色蔬果昔和蔬果汁做个比较，你就会明白什么是绿色蔬果昔了。

果昔类都是用搅拌机制作的，但绿色蔬果昔对搅拌机的要求更高。只有转速每分钟达到上万转的破壁料理机，才能瞬间击破蔬果的细胞壁，有效获得绿叶菜中的植物营养素。由于膳食纤维都保留了，所以更有饱腹感，适合当早餐。

蔬果汁类都是用榨汁机制作的，与蔬果昔不同的是，果汁里面的膳食纤维都是扔掉的，只留下蔬果的汁液部分，适合作排毒饮品，获得营养的同时冲刷肠胃，但如果用来代餐，饱腹感就没有蔬果昔那么强了。

●●●
怎样制作绿色蔬果昔
●●●

我总结了一个超级实用的蔬果昔制作公式：

1 杯液体：2 杯绿叶菜：3 杯水果

注意，计量单位是“杯”，不是“倍”，所以这个比例说的是体积。

液体的部分，建议用矿泉水、新鲜橙汁、新鲜梨汁、椰子水、柠檬水等。想达到增肌和补充蛋白质的效果，可以用自制的腰果奶、巴旦木奶、燕麦奶或者豆浆。

绿叶菜的部分，建议用深绿色的蔬菜，比如菠菜、羽衣甘蓝、油麦菜、红薯叶、芥蓝叶、空心菜、上海青、罗勒、薄荷（罗勒和薄荷可以和其他蔬菜搭配，少量添加，否则味道会很苦涩）。

水果的部分，建议选择熟透、多果肉的水果。熟透很关键，生水果做出来的蔬果昔不仅不好喝，也没有营养。一定要加入熟香蕉——没有熟香蕉的蔬果昔不是好的蔬果昔！香蕉不仅能掩盖绿叶菜的菜腥味，还能让蔬果昔拥有奶昔状的质地，口感细腻又好喝。此外，芒果、桃子、猕猴桃、苹果、哈密瓜、草莓、葡萄都是很好的选择。

需要注意的是，大部分绿色蔬菜都含有不同种类的生物碱，虽然大量的生物碱是有毒的，但少量食用并不会对人体造成伤害，反而可以增强免疫系统！

在制作绿色蔬果昔时，为了防止品种单一和长期食用产生微中毒，并且达到提高身体免疫力的效果，我建议大家不断变换绿叶菜的种类和搭配。

你可以用任何你觉得方便的方式来制作你喜欢的蔬果昔，有人每天换一种绿色蔬菜，有人一次会搭配两种不同的绿色蔬菜。你摄取的绿叶菜种类越多，身体吸收的重要营养就越丰富。但是，制作出好喝的绿色蔬果昔才是能够坚持下去的关键。所以，不要放太多绿叶蔬菜，否则蔬果昔会变得非常不美味。

添加超级食物小料能让你的绿色蔬果昔功效升级，加什么取决于什么作用。比如，经期可以加红枣、枸杞、生姜；消除疲劳可以加螺旋藻、黄芪；促进排便可以加椰子油、亚麻籽、车前子壳粉；清洁血液可以加小麦草粉；抗氧化可以加可可粉、巴西莓粉、抹茶粉……

除此以外，少加一半的液体，多加一根香蕉，做出的蔬果昔会更稠，装在碗里，撒上五颜六色的水果丁、坚果碎和椰蓉、黑巧克力碎，就是一款颜值出众的蔬果昔碗了。

饮用蔬果昔也有讲究

美国营养协会的研究表明，绿色蔬果昔最适合早上喝，可以为身体补充维生素和纤维素，其中的叶绿素还能够大大提高身体的活力和抵抗力。因为叶绿素的分子与红细胞的分子几乎完全一样，早上补充叶绿素，就好比给身体注入了新鲜血液。而且，破壁机能够将植物细胞壁打破，易于消化。

因为蔬果昔很有饱腹感，热量又非常低，通常我会在早晨空腹喝蔬果昔，用来代替早餐。蔬果昔中的膳食纤维会帮助肠道蠕动，让我们养成晨间排便的好习惯。

如果早上来不及做蔬果昔，也可以前一天晚上做好后密封冷藏，第二天早晨提前半小时拿出来，放到常温后再喝，口感和营养基本不变。当然，你也可以选择用便携式搅拌机制作绿色蔬果昔，早上做好直接带走，在上班路上喝。

像吃饭一样喝绿色蔬果昔，效果最好。吃饭讲究细嚼慢咽，喝蔬果昔也应当如此。慢慢地喝，同时配合咀嚼，让唾液充分和蔬果昔混合。这样能够通过咀嚼增加蔬果昔的饱腹感，大脑以为你真的吃了顿饭，从而降低饥饿信号；其次，唾液中的消化酶能更好地分解蔬果昔中的营养，促进消化吸收。

绿色蔬果昔的量也有讲究，至少要 250 毫升，甚至可以用梅森罐装上 1 升。具体的量取决于你是要用蔬果昔代餐还是伴餐。

如果你能做到每天喝绿色蔬果昔，那么你将惊喜地看到自己的变化。我的亲身体验是：

√ 皮肤会变滑、变亮。

√ 每日会有非常规律和通畅的排便。

√ 没有口臭。

√ 精力变好了，甚至可以不依赖咖啡（绿叶菜里的叶绿素能提高细胞活力，效果远超咖啡因）。

我喜欢有生机的饮食

我曾经是个爱逛超市的人，喜欢尝试货架上各种新款的零食，为过度包装和广告宣传的产品买单，享受着食品放进微波炉里转一分钟的便捷。

菜场则是我敬而远之的陌生领域。我嫌弃菜场里又脏又乱，对那些沾满泥土和露水的新鲜蔬果敬而远之。之前，我总以为从清洗、削皮、切块再到做好摆上餐桌，做饭的繁琐是自己不能驾驭的。直到开始接触蔬果汁这个行业，我的观念来了个 180 度大转变。

因为我渐渐发现，超市的加工食品意味着繁琐的加工过程和营养流失，当土豆变成薯片、洋葱变成洋葱圈、燕麦变成燕麦饼干时，不仅热量增加了数倍，水分、膳食纤维、维生素、蛋白质、矿物质等营养素也所剩无几。长期吃这些食品，身体不但得不到足够和全面的营养，还会因为缺乏纤维素、水分和活性益生菌而产生便秘困扰。

但新鲜的蔬菜就不同了，菠菜富含叶绿素、钙和铁，番茄中的番茄红素，胡萝卜中的维生素 A 和胡萝卜素，各类莓类水果中的花青素，都鲜活地存在着，得来全不费功夫。

原来，加工食品和天然食物相去甚远，我们不能因为便捷和广告宣传而选择过度加工的食品。我们需要的是有生命力的天然食物，我称它们为生机食物。吃生机食物的饮食方式叫作生机饮食，是指那些不经过深加工且温度在 42 摄氏度以下制作出的纯生、纯素的食物。这种饮食方法可以保存食物的天然酵素和营养成分。

严格意义上的生机食物，还要求食物没有被农药、化学肥料、化学添加剂及防腐处理污染过。目前有机食物不是很容易买到，但我们可以通过有效清洗蔬菜或者瓜果去皮的方法，来解决农药、化肥等残留的问题。

从远古时期开始，人类就开始利用火加工食物。食物会变得柔软，味道也更好。加热温度越高、时间越长，食物中含的“生命力”就越小，甚至“死掉了”。因为生的食物中含有的多种维生素、植物活性酶、叶绿素大部分被破坏了，蛋白质和脂肪也开始变质，这样一来，我们很难从中摄取新鲜的天然营养。

适合生吃的三种生食食物是：水果、蔬菜和种子（包括能催芽的豆类和生的坚果）。生吃水果很好理解，但生吃蔬菜和种子，很多人还是抗拒的。其实，太阳已经将蔬果“烹饪”好了，我们完全可以通过生食的方式直接食用，吸取食物的天然养分，不需要再加热。生食，能够提高人的免疫力，预防疾病。科学研究证明，生食除了能预防疾病外，甚至能增强人的抵抗力，从而治疗某些疾病。经常吃生食的人摄取钙、铁、维生素 A、维生素 B_1、维生素 B_2、叶酸、维生素 C 的量比一般人多得多。从视力、血压、血糖、肝功能等健康指标中可以看出，吃生食的人更有优势。

你需要大量的活性益生菌

用生机饮食来减肥，原理很容易理解，因为天然的生机食物和加工食品之间最本质的区别是，生机食物里含大量的活性酶，我们也可以称他们为活性益生菌。它们能作用于肠道、生殖系统和口腔，平衡整个身体的微生物圈。这些活性益生菌在低温环境中才能存活，高于 42 摄氏度就会被热死。这不难理解，毕竟人的正常体温也是 37 摄氏度左右，所以生食相比熟食，非加工相比加工，更有助于肠道健康。

益生菌是可以被培养出来的，这个过程叫作发酵。我尝试过许多种益生菌培养方案，比如用豆芽机发酵绿豆芽，用米曲发酵米酒或者混合蒸熟的豆泥和盐制作发酵的面豉酱，用嫩姜、紫甘蓝丝和苹果醋制作的泡菜。

制作发酵产品最重要的就是“菌”！我叫它为“发酵食物的妈妈”，没有妈妈你是不可能做出“宝宝”的。比如酸奶的妈妈是酸奶菌种（比如保加利亚乳杆菌、双歧杆菌等）或者用发酵好的酸奶作为引子；水开菲尔的妈妈是 Kefir 菌；米酒的妈妈是酒曲（酒曲也能当味噌的妈妈发酵面豉酱）……

咱们中国有种传统的发酵茶饮叫作康普茶，也叫红茶菌，发酵方法特别简便，用“糖 + 茶 + 红茶菌”发酵 10 天左右便可完成，老一辈的人应该都知道并且经常在家制作，但现在的年轻人知道并不多，愿意在家制作的更是少之又少。反倒是我在西班牙的时候，把发酵好的康普茶送给一些德国、瑞士朋友喝，他们都超级开心，并表示听说康普茶很久了，对治疗胃痛、便秘等有奇效，很感激能喝到新鲜的。德国朋友更是送给我好多她家院子里种的枇杷果和黄柠檬用来交换我做的康普茶，感觉自己倒是赚到了。

记得一位德高望重的营养师聊到益生菌时，他说，每个国家都有自己的益生菌饮食解毒方案，可同样是益生菌，每个国家发明的美食却各不相同。

欧洲人用奶制品发酵的奶酪补充益生菌；日本人则爱从味增、豆豉酱、渍物、液体酵素中获取益生菌；韩国人喜欢吃富含益生菌的泡菜；中国的益生菌更是无处不在，臭豆腐、陈醋、米酒都是我们的益生菌美食。

身体需要的东西很简单，然而，我们却总是搞得太复杂。复杂的食物搭配、复杂的烹饪方式，最终带来复杂的消化过程，导致消化系统疾病高发。其实，足量蔬果、益生菌、优质水，就足以维持身体正常运转，确保我们的健康。

生机饮食减肥推荐食谱

◎ 排毒蔬果汁（昔） ◎

我创业做蔬果汁品牌的 4 年多时间里，基本每天都在和活性益生菌较劲。我坚持制作冷压榨的新鲜蔬果汁，不用高温灭菌，采用高压灭菌，整个过程不加任何防腐剂，坚持短保质期，用低温保持蔬果的活性。蔬果中的纤维素和活性益生菌能够作用于肠道，促进肠道蠕动和肠道菌群健康。

新鲜的蔬果汁除了补充益生菌以外，还有两个好处。第一个好处，液体形态使得蔬果更易于被人体吸收，意味着更多营养从食物中解析出来；第二个好处，你可以在短时间内摄入更多蔬果且身体无负担。

排毒蔬果汁可以帮助你清除结肠里的废物，使身体充分吸收必要的营养。

排毒蔬果汁分为红色版和绿色版，两种版本的排毒效果都很好，可以交替饮用。蔬果汁里面的用来调味的水果可以自由搭配，建议选择多汁的水果，比如梨、橙子、苹果、黄瓜、香瓜等，不建议用猕猴桃、木瓜、香蕉这类多肉的水果，因为它们不大出汁，用来榨汁会比较浪费。

红色蔬果汁需要选择红色的根茎类瓜果，比如甜菜根、胡萝卜、番茄等；绿色蔬果汁则需要搭配大量的绿叶菜，菠菜、芥蓝、羽衣甘蓝都是富含叶绿素的绿叶菜，非常推荐选用。

如果你吃紫葡萄、芒果、桃子这一类多肉的水果，就不要用榨汁机了，最好是用破壁机打成蔬果昔来喝。

◎ 手拌菜 ◎

所谓手拌菜，顾名思义，就是用手来拌菜，手拌就是“烹饪方式”。选择适合做沙拉的食材，加入自己调配的酱汁，用干净的手将酱汁和沙拉菜混合均匀，手心的温度结合酱汁里的盐分能使菜叶变得柔软入味。用来拌的菜可以选择去茎的绿叶菜、芽苗菜、黄瓜、胡萝卜丝、水果丁等。大家可以发挥你们的想象力来制作手拌菜。至于酱汁，可以是最简单的橄榄油或者芝麻油混合酱油、醋，也可以是创意生食酱汁，比如用牛油果、柠檬汁、海盐、洋葱和少许水制成的墨西哥酱，以及用芒果、黑醋、海盐、薄荷混合而成的夏日芒果酱等。

◎ 葫芦瓜面 ◎

有一段时间，我经常去香港第一家食生餐厅绿野林当义工。有一位意大利客人每天中午都来餐厅吃面。一次，他吃完面与主厨攀谈时才惊讶地得知，原来餐厅里的面不是真的面，居然是用葫芦瓜刨成的无麸质、无淀粉的瓜面，而且还是生的。他瞬间惊呆了。

其实，葫芦瓜面不难做，有糖尿病人的家庭也特别适合偶尔用葫芦瓜面来代替主食。只需将去皮的葫芦瓜用刨刀刨成丝，海盐微微腌一下，去掉水分，再拌上自制的酱料即可。喜欢吃担担面的朋友，可以用芝麻酱和香菜叶混合成芝酱葫芦瓜面；喜欢吃青酱意面的朋友，可以用罗勒叶、松子仁、橄榄油搅拌成糊状混合瓜面即可。

当我们摄入熟食时，身体被迫消化熟食中的调味料、香辛料、激素等物质，免疫系统多少会受损。这样一来，当我们真正需要免疫功能抵御疾病或伤痛时，就无法得到强有力的支持。所以不烹饪和天然调味料是生食的关键，特别有利于用于增强身体的抵抗力。

体寒的朋友们，可以在生食蔬果汁、手拌菜、葫芦瓜面里加入生姜、辣椒粉、姜黄粉、肉桂粉等，用来中和生食中的寒气。很多人都对生食有误解，觉得生吃食物会过于寒凉，但事实并非如此。食物的属性不会受烹饪方式的改变而改变，温性食物比如生姜、榴梿、红枣等，不管以什么方式吃都是温性的；苦瓜、冬瓜就算炸着吃，内在也是寒性的。而且，42 摄氏度以下的生食并不是让大家吃冰箱里面拿出来的食物，这样也有悖于生食中遵循天然的原则。我们追求的是常温，吃进身体后，身体不必升温或者降温来适应食物，这才是生食的最佳温度。

当然，我也不要求大家回家马上开始吃生食，这样不现实，也会受到家人、朋友的阻力。我们只要知道减少加工、减少烹饪步骤、减少调味料就好。每天吃一些生机食物，不过是生吃一块瓜、生吃一个桃、吃一碗沙拉、喝些蔬果汁，让身体有机会摄入天然的活性益生菌即可。

适合上班族的简单能量轻食方案

适合上班族的饮食，说起来容易，但需要考虑的因素实在太多，价格、搭配、口味等，都使得上班族对饮食的选择伤透了脑筋。

快餐和外卖大多重油、重盐、高热量，长期食用易导致营养单一和肥胖；而近年流行的轻食沙拉虽然营养丰富且适合维持体形，但价格小贵，而且口味偏西式，不太符合国人的饮食习惯，很难长期食用。

如今白领工作压力大，有时候饮食习惯不太注意，可能会引起身体的不适。

那么我就来解决一下大多数白领的用餐困境和问题。

上班族的早餐困境

◎ 困境一：吃得太早或者太晚 ◎

很多人可能是被“早餐一定要很早吃”这个定义给误导了，有不少人是习惯在早上6：00～7：00这个区间吃早餐的。专家表示，如果早餐与午餐之间间隔的时间比较久，不利于身体对营养的吸收，还特别易饿。起床后人其实是不饿的，我们习惯马上补充食物，但身体不一定需要。因为人体的食欲素是饭后开始降低，直到下一顿饭时才会增加。身体食欲最低值是早晨起床时，而那会是一天中最长时间没有吃饭的状态。对于7点就起床的朋友来说，早餐放在9点左右吃其实是相对合理的。

◎ 困境二：长期选择面包做早餐 ◎

我们来分析一下面包中通常会含有的成分：

1. 面包改良剂。

面包改良剂是由乳化剂、氧化剂、酶制剂、无机盐和填充剂等组成的复合食品添加剂，能起到让面包柔软、增加烘烤弹性、延长保质期的作用。一般人吃下面包中的添加剂是可以分解代谢掉的，但如果是肝脏功能不好的人，吃了会增加患心血管疾病的风险。

2. 人造黄油。

做面包时一般都会用到黄油，出于成本考量，现在商家大部分都用的是人造黄油。不光是那些便宜的小面包房，许多知名的连锁店也如此。人造黄油中含有大量的反式脂肪酸。反式脂肪酸会增加人患糖尿病、心脑血管疾病的风险，还更容易使人发胖。有“酥油、植物起酥油、植物脂肪、人造黄油、植脂末、奶精”等字眼出现在配料表中，基本上就意味着这种食物你可以拉入黑名单了。

3. 香精和色素。

水果味儿的面包很受欢迎，但很多水果味面包是用了水果香精和色素。黄色的香蕉味儿、粉红的草莓味儿、绿色的哈密瓜味儿……因为水果本身的香味其实不明显，也不稳定，不易储存，所以很少有商家会使用新鲜水果做水果味的蛋糕和面包。

4. 糖精（甜味剂）。

除了面粉和黄油，制作面包时用得最多的原料还有白糖。当然，“聪明”的店家也会想出办法。很多面包房为了降低成本，都用甜味剂来部分代替白糖。甜味剂的口感和白糖有所差别，它会在口中停留时间更长，后味发苦。如果你自己做过面包的话就会发现，当你使用白砂糖增加甜味，加了很多糖，结果做出来的面包味道依然不太甜。这就是商家要使用糖精的重要原因了。少量的糖精不仅成本低，增甜效果还更明显，商家们可不傻。

◎ 困境三：为了赶时间，常常边走边吃 ◎

如果吃东西的时候三心二意，血液提供到胃部就会比较少，容易导致消化不良和影响营养吸收，长久还会增加患胃癌的概率。

所以，如果大家看完了间歇性轻断食那部分内容以后，甚至可以采取不吃早饭的大胆决定，从 12 点开始吃第一顿，20 点前吃完最后一顿，将饮食放在 8 小时内搞定，剩下的时间全部用于消化。

如果一直有吃早餐的习惯，那就做到以下几点：

1．将面包改成中国的传统蒸菜或者粥类。

面包毕竟是舶来品，新鲜现做健康的面包很难买到，通常白领们会选择超市或者便利店里成品包装的面包，与其选择不健康的包装面包，不如尽量选择中式菜包配豆浆或者小米粥这类传统早餐来得健康。

2．将你的早餐尽可能延迟。

晚一点吃早饭，让早饭和中饭时间靠近些，这样不会造成因为大清早吃早点带来的中午和晚上都很饿从而暴食的可能。

3．坐下来专心吃完早餐。

如果时间不够，就吃少点，但不要塞食物。人不是汽车，加了油就能跑，缺了油就跑不动的简单机械。人的身体很有弹性，不要以为自己狼吞虎咽一通就能带来早晨的精力充沛。充沛来自身体的轻盈，而少食、易消化、排便好这些才是轻盈的原因，吃饱并不是！

4．用蔬果昔代替早餐。

制作绿色蔬果昔那章讲到的蔬果昔是非常适合早餐饮用的。如果来不及吃早餐，那就喝早餐，营养到位了，也简单便捷。

上班族的午餐问题

◎ 问题一：习惯对着电脑和屏幕用餐 ◎

一边看着屏幕一边进餐，相信在每个办公室都是常见的一景。但这会形成不好的饮食习惯，久而久之会伤害到肠胃。慢食可是我反反复复强调的，要想感受到食物的灵魂味道，更想让吃饭这件事不会成为身体的负担，那就学会好好吃饭，享受吃进嘴巴里的真正的食物。

◎ 问题二：午饭后没有休息的习惯 ◎

午餐进食后，最好休息半个小时，之后再辅以适当的运动。因为白领们总是坐着，适当的运动可以促进血液的循环，有利于胃肠道蠕动，加速营养的吸收以及防止脂肪的堆积。尤其是一些爱美的白领们，最好是饭后站半个小时，这个方法使下半身不容易积累脂肪。而且，这也是舒淇大美人的一个瘦身秘诀哦！休息时间在15分钟以下或者完全不休息的白领们，就有可能导致消化不良，胃肠道负担过重，增加患胃病的概率，更不利于身材保养啦！

◎ 问题三：经常吃外卖和外食 ◎

上班族最大的身不由己恐怕就是因为忙碌而没时间做饭，很多人为了图省事，经常就选择外食或者点外卖解决。

那么，午餐改造就可以从自制午餐便当开始，如果你还不知道如何制作和搭配减脂便当，那么我先来给你一些建议：

1. 主食的选择要多样化一些。

主食不要选择单一的米饭和白面，最好能够搭配一些粗粮，如红薯、紫薯、土豆、芋头、山药等薯类，糙米、黑米、玉米、燕麦、藜麦等谷类，红豆、豌豆、鹰嘴豆等豆类。

2. 根据是否适合隔夜来选择食材。

自制的便当都是前一晚做好，第二天中午食用，菜饭会隔夜。隔夜的绿叶菜中含有亚硝酸盐，所以建议选择根茎类和果实类蔬菜，比如西蓝花、胡萝卜、番茄、黄瓜、茄子、苦瓜这一类，它们的属性相对稳定，隔夜也不大会流失营养。

如果需要补充新鲜绿叶菜的营养，你可以通过喝绿叶菜和水果制作的蔬果昔或者蔬果汁来解决。

3. 简化调味料，少油少盐少糖。

减脂期对于调味料的选择一定要“克制”，许多健康的食材本身没问题，但一旦搭配了高热量的调味料就不利于减脂了。超市里的沙拉酱、蛋黄酱、芝麻酱等酱料含有大量糖分、盐分和脂肪，成品酱还有防腐剂和反式脂肪的困扰，本以为沙拉是轻食，但画龙点睛的酱汁却让你的减肥大业前功尽弃。如果实在很想加酱料，不妨自己学着做，我在后面的食谱中会提供一些完美的搭配酱料的做法。

4. 选择健康的料理方式。

建议选择的烹饪方法有：蒸、煮、凉拌。一般来讲，料理过程越复杂，菜式需要越多种类的调味料，热量也相对较高。对于想要减脂的朋友，“糖醋里脊”“地三鲜”“锅包肉”这类需要油、淀粉、糖包裹的料理就可以从你的美食清单里剔除了。

上班族的晚餐怎么吃

晚餐容易有三种错误进食模式，看看你是否有共鸣：第一，吃饭时间离睡觉时间太近；第二，晚餐重油重盐；第三，不知不觉就吃上了夜宵。

晚餐需要在 20 点前结束，因为晚餐是离睡觉最近的一顿饭，如果太晚吃晚餐，不管你白天多么认真控制饮食，长胖的风险都是直线飙升的；或者因为晚餐是你社交活动的一部分，难免要去餐厅就餐，顿顿重油重盐，不吃又担心自己疏离了社交圈；也许你晚餐已经做好少吃或不吃的准备，但太晚睡觉导致睡前实在太饿，夜宵一下肚就前功尽弃。

由于食物还没有完全在胃内消化而进入肠道，吃完就躺下会容易引起胃酸反流，长期如此会出现反流性胃炎。另外，吃进身体的食物会反复刺激胰腺，使胰岛素分泌增加，久而久之，便造成分泌胰岛素的 β 细胞功能减退，带来糖尿病风险。

除此以外，有人会拿晚上吃不好、睡觉睡不好来说事儿。那他们一定是长期没体会过不带食物睡觉的轻盈感觉了。实际上，吃过饱后入睡会使胃鼓胀，对周围器官造成压迫，胃、肠、肝、胆、胰等器官在餐后的紧张工作会传送信息给大脑，引起大脑活跃，并扩散到大脑皮层其他部位。第二天起床会有明显的沉重感，并且一整天开启睡不醒模式。只有空腹睡觉才容易真正体会到深度睡眠和自然醒的美好感觉。

讲完了三餐的困境和注意事项，问题来了。我如果没办法带饭，还偏偏喜爱各种外食，这一节讲的东西我是不是就用不上了？当然不是啦，接下来我就会给出一些实用的小技巧，给经常外食的你，这些技能一旦获得，你不仅自己吃饭时用得到，而且在跟朋友聚餐时，大家都会更愿意把点餐的任务交给你。

在这里，我向大家分享一些外食点餐的小技巧：

1. 改变吃饭的顺序。

吃饭前先喝清汤或白开水增加饱腹感，但注意，不是奶茶或者含糖饮料，因为糖分和之后的淀粉结合，胃口会不自觉地大开，让你吃得停不下来，而且发胖速度也是叠加的。

整体性原则是：先流质再固体食物，先素再荤，先生食再熟食。

有沙拉的情况下先吃沙拉，再吃些蔬菜类，最后吃主食及烧熟的肉类。饭后半小时可以喝些无糖温茶（红茶或者黑茶最佳）帮助刮油，喜欢咖啡的朋友也可以喝些黑咖啡。

2. 做全桌那个吃饭最慢的人。

我要继续不厌其烦地强调饮食的节奏。如果你不是因为刷手机或者吃饭时滔滔不绝地闲聊而导致吃饭速度变慢，而是已经养成了专心吃饭的慢食者，那外食对你来说也就没那么糟糕了，至少充分咀嚼已经帮你让这顿饭的健康上了一个台阶。

3. 高纤维的新鲜蔬菜一定记得吃。

外食有个问题，就是新鲜蔬菜少。为什么呢？因为新鲜蔬菜不经长时间存放，很多餐厅都不喜欢采买。大家外食的时候一定要增加新鲜蔬菜的摄入量，如果实在不知道如何选择，就记住用“彩虹点餐法”：选择各种颜色的蔬菜，增加胡萝卜、西蓝花、菠菜、番茄的选择，尽量让一顿饭的颜色越多越好。

4. 避免复杂料理和调味料依赖。

烹饪工序越多，代表着消化过程越复杂，制作中额外添加的调料也多。红烧、糖醋、香酥等方法，通常是综合炸、卤、酱油浇、勾芡收汁等多种烹饪方法，还增加了复杂调味料，使得消化过程繁琐。建议选择单一烹饪方法，比如清蒸、慢煮、快炒、白灼、凉拌，同时减少化学酱料使用，比如甜面酱、奶油酱、黑胡椒酱、麻酱、虾酱，如果是手工熬制的酱料还算好，但往往商家图方便便宜，多是选择批量采购的成品酱料，味重且多为鲜味剂调制而成，酱料的风味完全盖过了食物的本味。辨别烹饪方式是否简单清淡，酱料是否天然熬制，最简单和有效的方法就是吃完会不会口渴，如果饭后需要不断喝水才能降低口渴和喉咙灼烧感，那就以后少去这家餐厅吃饭吧！

5. 尽量少选加工和冷冻食品。

我在西班牙生活的时候，会因为真的很想念中餐的味道，而这些味道自己短时间又做不出来，于是拉着男友去当地的中餐厅吃饭。但最后的结果都是意料之中的失望。真的不是中餐厅的厨师不给力，而是因为食材的限制，导致餐厅会选择速冻食品作为原材料烹饪菜肴。

其实不光是国外的中餐厅爱用冷冻原材料，国内的餐厅甚至是知名的全球连锁餐厅也都爱用冷冻原料，因为味道稳定、方便运输、保质期长，对于商家来说，实在太省成本且便捷了。

最常用的冷冻原料包括炸春卷、蒸包、蒸饺、肉圆子、鱼丸子、炸猪排、凤尾虾等，多为淀粉类和肉类食品。一旦宴席或大订单来，厨师只要将冷冻食品加热后浇上现烧的汁，就会变成一份新鲜出炉的佳肴。但你可能没有意识到，你吃下肚的食物也许已经存放了数月甚至一年多了。所以懂得辨别冷冻食品非常重要，尽量挑选新鲜的常用菜，或者点餐时问一句：“这道菜是你们现做的吗？”一般餐厅都会诚实地答复你的。

网红博主最爱的地中海饮食法

从 2017 年 10 月底至今，我有较多的时间都生活在位于地中海上的马约卡岛。马约卡属于西班牙，那里是很多欧洲艺术家和文学家休闲疗养的好去处，也是年轻人新婚度蜜月的胜地。如果说春天的地中海是人间天堂，那么地中海的天堂就是马约卡岛了。那里每年有约 300 天是阳光普照的晴朗天气，冬暖夏凉，属于典型的地中海气候，他们的饮食属于最典型的地中海饮食了。

在岛上，我有一个非常方便实用的厨房，楼下也有从农场直运新鲜食物的农贸超市，每周六还有当地人来到集市售卖自制美食。所以我在岛上可以非常便捷地实施正宗的地中海饮食。

地中海饮食是这些年被营养学家“神话”了的饮食方案，2019 年被《美国新闻和世界报道》评为最佳饮食。所谓的地中海饮食是指生活在地中海沿岸的国家，如西班牙、希腊、意大利等国家居民的饮食习惯，主要以蔬果、海产品、五谷杂粮、豆类、发酵奶酪、红酒和橄榄油为主。许多研究表明，这种饮食对控制体重和预防心脑血管疾病都有很好的帮助。

研究人员发现，相比于单纯的节食，地中海饮食能够更健康有效地帮助肥胖人士实现梦想，甚至比低脂饮食更有利于肥胖症患者减轻体重。同时，地中海饮食的颜色如彩虹般绚丽多彩，让人赏心悦目，所以在社交平台上，地中海饮食也成了上镜率超高的网红饮食。

那么，这种网红博主都爱的地中海饮食，究竟该怎么吃呢？

1. 橄榄油是食物的最佳伴侣。

地中海饮食提倡大量使用橄榄油，是因为其中的不饱和脂肪酸比较高，有益于心血管健康，而且橄榄油耐高温，不管是拌沙拉、炒菜，还是进烤箱，橄榄油都很稳定。另外，橄榄油含抗氧化功能的多酚，有助于降低“坏”胆固醇。

岛上到处都种橄榄树，当地人会直接吃腌制橄榄，跟我们吃泡菜一样，下饭开胃还能帮助消化。做饭全用橄榄油，价格也相当便宜。

在中国，很多人虽然知道橄榄油对健康有益，但并不喜欢橄榄油的味道，做凉菜更习惯用芝麻油、花生油或大豆色拉油。而且从价格看，橄榄油比豆油、花生油贵 5 倍左右。完全用橄榄油代替豆油、花生油的话，一般家庭很难接受。再加上，我们的上一辈们都吃惯了常用油，可能突然让他们吃橄榄油，一时半会儿对这种口味还很难接受，老人们大多比较抵触。当然，各方面条件都允许的话，可以尝试把家里的油换成橄榄油。 毕竟，橄榄油耐高温，起烟少，所以那些经常在家烧菜，又注重皮肤保养的主妇们，尝试用橄榄油烧菜就是对健康和皮肤最好的选择啦！

从健康考虑，我们可以多吃一些橄榄油，但不必完全改用橄榄油。你仍可以以大豆油、花生油等为主，适当选用一些调和了单不饱和脂肪酸的油脂（如橄榄油、茶油），也可以吃一些富含单不饱和脂肪酸的食物（如坚果）。

2. 多吃鱼虾。

地中海居民日均食用 40 克的海产品，我国居民平均对水产品消费在 30 克左右，肉禽类 79 克，肉以猪肉为主，含脂肪较多，能量高。

鱼类的蛋白质含量高达 18%，属于优质蛋白质，含的饱和脂肪酸少，不饱和脂肪酸较多，对预防血脂异常和心脑血管疾病等有一定作用。

3. 主食多吃五谷杂粮。

地中海饮食中早餐燕麦片非常普及，同时会混合一些亚麻籽、坚果碎、豆类、葡萄干等食用。地中海人爱吃谷物种子、全谷物的面包，把全小麦、燕麦、黑麦等做成混合杂粮主食面包，上面还会撒上很多的种子。

这些粗加工的谷物食品富含膳食纤维，也富含 B 族维生素和微量元素，对控制体重、调节胃肠道、稳定血糖、增加免疫力都有很大帮助。

其实地中海居民在吃五谷杂粮这点上还真没咱们中国人做得好，他们的小米、玉米、黑豆、红薯这些粗粮并不比中国多，坚果类也没有中国那么丰富。中国人一向有吃粗加工谷物食品的传统，随着经济的发展，有些居民却减少了粗加工谷物食品的摄入。所以，咱们继续遵循中国五谷杂粮传统就好。

4. 喜欢喝红酒。

地中海居民喝酒以葡萄酒为主，我们中国人则以中、高度白酒为主。

适量饮葡萄酒有益健康。但过量饮酒，特别是白酒，罹患高血压、中风等疾病的危险就会增加，危害健康。

哈佛大学研究衰老的遗传学家大卫・辛克莱（David Sinclair），他在抗老领域的巨大贡献是发现了“白藜芦醇”，这种物质来源于葡萄、蓝莓、树莓、桑葚果皮等植物中，有抗衰老的功效，它能够延缓表观遗传状态改变，并且保护细胞不受表观因子的损害。

也就是说喝葡萄酒抗氧化是有科学根据的，因为有白藜芦醇的作用。但同时，由于白藜芦醇多存在于葡萄籽和葡萄皮中，所以比起喝红酒带来的效果，吃有机葡萄的葡萄皮或者将葡萄籽打碎了吃，都是可以的，比如用破壁机打碎了喝。

当然，最简单粗暴的补充方案就是直接吃葡萄籽了。

5. 吃大量的蔬果。

地中海饮食中蔬菜和水果的比例很高，每天 650 克以上（蔬菜 200 克，水果 450 克）。我国居民吃的蔬菜（260 克）比他们多了 60 克，但吃的水果比他们少很多（370 克）。

蔬菜、水果是维生素、矿物质、膳食纤维和植物营养素的重要来源，水分多、热量低，对保持身体健康，维持护肠道正常功能，提高免疫力，降低癌症、肥胖、糖尿病、高血压等慢性疾病患病风险具有重要作用。

地中海饮食的一大优势便是大量食用新鲜蔬果，并且以生吃为主。“橄榄油 + 黑醋 + 海盐”是地中海油醋酱的标配。在当地餐厅点的沙拉都是不配沙拉酱汁的，自己用放在餐桌上的这三样就能调配沙拉酱。在中国，如果我们买不到黑醋，也可以用陈醋或柠檬汁代替。

除此以外，他们擅长用草本植物作为天然调料。比如番茄除了可以作为蔬菜食用，也可以和洋葱一起熬制成新鲜番茄酱汁。罗勒、迷迭香、百里香、欧芹、姜黄、大蒜和洋葱等直接买新鲜或者风干的回来烹饪酱汁，代替我们厨房常见的味精、鸡精、豆瓣酱等调料。

6. 喜欢吃奶酪。

地中海饮食的一日三餐中都能见到奶制品的影子，但其实地中海人的牛奶过敏情况挺普遍，所以他们超市的货架上还有很多的豆乳、燕麦奶、米浆和巴旦木奶可供选择。他们更偏向于吃奶酪，因为能直接吃，也可以和蔬菜拌在一起做成沙拉，还能做成热菜。

奶酪也是我的心头爱。纯牛奶是不建议多喝的，因为容易发炎和长痘。但是，发酵后的奶酪真的十分推荐，发酵的乳制品可以减少发炎的概率，也不会带来乳糖不耐受。在我参与翻译的一本书里，就有提到自闭症儿童的饮食中，奶制品是被严令禁止的，但酸奶和奶酪都作为补充益生菌的方案被保留了下来。

来岛上后，我常在超市选购绵羊奶发酵的奶酪，偶尔也会在周末集市上买到当地人自制的羊奶酪，羊奶酪比牛奶酪更适合人的胃消化代谢，不会导致牛乳过敏，利用奶酪中丰富的益生菌帮助消化，奶酪中的蛋白质维持身体的肌肉量。

可是在国内，我们没有地中海人民那么容易吃到奶酪。不过也不用担心，我们有各种各样的豆制品，这些豆制品也富含丰富的蛋白质和钙，发酵的豆制品比如臭豆腐里也含有大量的益生菌，不会导致乳糖不耐受和腹泻。所以我们比欧洲人幸福多了，我们的豆腐可是世界闻名的呢!

奶制品中含有丰富的钙。地中海的人爱晒太阳，以“黑”为美。所以我在马约卡岛上生活的这半年里，每天都去海边运动，也晒黑了不少。晒太阳可以使身体内的维生素 D 活化，促进钙的吸收利用。正好和他们吃的奶酪配合起来，非常利于骨骼健康。

中国人以“白”为美，很多人怕晒黑，不愿意直接接受阳光照射。北方冬季冷，户外活动少，阳光照射不足，体内维生素 D 含量不足，就会影响骨骼健康。为了健康，我们应该增加户外活动和爱上“晒太阳”。而且，比白种人幸福的是，我们是黄种人，皮肤没他们那么脆弱，并不容易晒红、晒伤，所以我们偶尔晒晒太阳是有益无害的!

说到地中海饮食，就不得不说到 2021 年刚出炉的全球饮食排名。

2021 年 1 月，《美国新闻与世界报道》通过对 40 种不同饮食方式进行分析评选，确定了年度最佳饮食排名。25 位有国际影响力的专家受邀给不同饮食方式进行打分，他们来自营养学、食物心理学、肥胖症、糖尿病和心脏病等研究领域，按照如下标准对饮食方式做出评价排名：

第一，是否容易遵循。

第二，营养是否全面。

第三，是否能安全有效地减重。

第四，是否能预防和控制糖尿病或心脏病。

通过综合以上各项评分，确定了年度最佳综合饮食方式：地中海饮食连续四年夺得最佳饮食冠军。所以，大家不妨借鉴一下地中海饮食的好处，和自己目前的饮食习惯做结合。

地中海的饮食这么好，而且和中国传统的饮食方式非常相似，都是以植物性为主的饮食。所以赶快学以致用，将地中海饮食转化成“中国式地中海饮食”就好啦。

PART

第7章

挑战21天
减糖生活实操训练

做好减糖前的准备

既然有了之前大量的理论知识铺垫，我们就从这里开始准备实践吧！

首先，我再次跟大家确认一下我们已经达成的共识：减糖不仅仅是戒掉白砂糖、各种工业代糖和含糖食物，还需要限制碳水化合物的摄入量，所以精制主食，比如白米、白面条、白面包……这些白白的东西我们统统要戒掉。除此以外，五谷杂粮、根茎类蔬菜、高糖分的水果也是碳水化合物含量比较高的食物，虽说升糖指数不算特别高，而且它们毕竟富含膳食纤维，但减少摄入量后，你能看到身体惊人的变化。

除了限制碳水化合物的摄入外，我们还需要增加健康脂肪、优质蛋白质以及绿叶蔬菜的摄入量。

在准备减糖之前，你需要搞清楚一些问题。比如：

你的冰箱和储物柜中的食物是否需要替换？

去超市、菜场采购时到底该如何选择？

是否能外食，不得不外食时又该如何点餐？……

对这些具体的问题你或许仍有种种疑惑。所以在开始实施减糖之前，很有必要让大家做好充分的准备。

市面上食物的品种实在太繁多了，我不能把所有食物都列成能吃和不能吃的清单给大家。但我会将一些采购食物的技巧分享出来，帮助大家选对食物，合理规避高碳水化合物陷阱。

整个减糖挑战要求的周期其实不长也不算短，3 周共 21 天。心理学认为 21 天能帮助意识养成一个习惯，所以凡是你想坚持的事情，早起、阅读、背单词还是减糖，21 天基本能让你的意识中有个深刻且直观的感觉，而 21 天的饮食改变也是能让身体显现出效果的合理时长。

当你实战减糖时，总时长不能比 21 天短，但超过 21 天完全没问题，如果你喜欢减糖饮食，甚至可以长期坚持下去。

减糖饮食期间，工作、社交和运动都是跟以往没差别的，就算碰到出差、聚餐或者经期等特殊时期，也都不用规避。

我会带大家了解普通版本的减糖挑战，也就是实操减糖的第二个阶段——较低碳水化合物阶段——除戒掉糖制品和糖以外，还需戒精制碳水化合物类主食。这种低碳水饮食对身体毫无负担，坚持的难度也不算最大，而效果则非常显著。

◎ 第一步：检查家里的冰箱和储物柜 ◎

这一步我称之为“糖分断舍离”。检查家里食物的含糖量，然后舍弃或替换。

调味料是糖分的重灾区，除了自觉扔掉家中的红糖、冰糖、白糖外，赶紧检查一下我们常用的酱油中是否含糖，如果含糖就马上更换成无糖配方的。同理，醋、蚝油、豆瓣酱、料酒这些你日常烹饪会用到的调料都需要确认是否含糖。沙拉酱汁也需要好好检查，特别是糖分的重灾区番茄酱，赶紧扔掉吧！之后想吃就自己做，味道差不多但成分更放心！

蜂蜜也要密封起来，放到找不到的地方。如果冰箱里常备酸奶，需要更换成无糖酸奶，最好是自制无糖酸奶。

牛奶不建议饮用，牛奶没发酵所以保留了大量乳糖，再加上亚洲人高比例的乳糖不耐受问题，你的身体可能并不容易消化吸收牛奶，建议大家把牛奶从日常饮食中剔除。

再就是大米、面条，建议都换成糙米、小米、荞麦面。白面粉需要换成含麦麸的全麦面粉，或者改用亚麻籽粉、椰子粉或者巴旦木粉这些碳水化合物含量极低的面粉代替品。

香蕉、苹果、梨、芒果这些高糖分的水果统统都剔除，家里没用完的水果也可以切成片泡水喝，果肉可以扔掉，只喝水，水果的风味充分浸泡在水中，糖分含量却甚少。

如果有吃早餐麦片或者粗粮饼干的习惯，建议你看看配方和营养成分表，并在接下来的日子屏蔽掉一切碳水化合物含量高于 70% 的食物。

茶包或者黑咖啡都继续保留，但如果是含糖的风味茶饮料或者速溶咖啡，也请赶紧扔掉它们！纯的抹茶粉、可可粉都是好喝且推荐喝的充饥饮品，但如果你的日常冲饮粉剂中加入了糖就都赶紧把它们收起来或扔掉吧！

◎ 第二步：学会采购真正的减糖食物 ◎

学会采购真正的减糖食物，是你以后经常要做的事情。一旦形成了这种饮食习惯，你会越来越喜欢自己做饭的过程。这是和食物建立关联很重要的一个步骤。

蔬菜区的选择是很大的，基本上没有限制。但是，根茎类蔬菜中的土豆、红薯、南瓜等，建议减少采购量。这样你会减少很多的碳水化合物摄入量。

水果区建议只买莓子类，比如蓝莓、草莓、覆盆子等，具体买什么可以根据季节来，不是应季的水果最好不要吃。

油脂类建议采购橄榄油、椰子油加黄油。橄榄油用于凉拌菜和沙拉，椰子油、黄油用于炒菜。

零食柜台基本想都别想了，但好消息是你可以采购些无调味料的坚果，比如原味巴旦木、核桃、榛子、花生、葵花籽或者夏威夷果。腰果是坚果中碳水化合物含量最高的，可以吃但要少吃。零食爱好者还可以屯些可可比例高于90% 的黑巧克力，口感是一定没有一般的巧克力好，但用于解馋也是不错的。

饮料柜台也别看了，基本是没有可选择的。但好水要多囤点，也就是富含矿物质的矿泉水。特别是身体处于低碳水化合物的时期，我们需要确保矿物质的补充量，如果你不想额外吃营养补充片剂，就多多喝好水吧！

我在欧洲生活，所以还会采购很多奶酪用于减糖时烹饪或者当零食吃，奶酪也属于发酵乳制品，所以是建议食用的。

肉类里面我首推鱼类，特别是高油脂的深海鱼类比如沙丁鱼、三文鱼和吞拿鱼。同时，家附近能买到的新鲜鱼类也都是好选择，各种海鲜不管是冷冻还是新鲜的也都可以采购。我不是肉食主义的拥护者，但我会吃海产品帮助平衡身体需要的油脂和蛋白质。如果你正常吃肉，建议少选择脂肪并不很优质、营养密度又不高的猪肉，可以采购些鸡肉、鸭肉这类优质蛋白和不饱和脂肪酸比例较高的肉类或者草饲的牛羊肉，确保肉质新鲜且来源可追溯即可。

再就是鸡蛋，减糖饮食中鸡蛋是必不可少的食材，可以搭配出很多好吃的料理。很多年来国内外都有相当多的研究在讨论鸡蛋到底能不能多吃，吃多少算过量。我只能说，咱们中庸点儿，每天吃 3 个鸡蛋以内是完全没有问题的！

◎ 第三步：学会点菜 ◎

谁说外食不能减糖？只是相对麻烦罢了，但仍然是可行的。国外的低碳水饮食者甚至总结了贴心的连锁快餐店超低碳水化合物点餐指导方案。比如，赛百味的三明治可以选择鸡胸肉配沙拉碗的形式；去肯德基吃饭的时候，只选择炸鸡而不是汉堡，或者点餐时要求把面包换成生菜叶子；去星巴克喝咖啡的时候，点美式咖啡或者黑咖啡配奶油，而不是牛奶。

当然，这只是身不由己的特殊选择，并不是鼓励大家多多去快餐厅吃饭。但如果你的正餐必须得在餐馆里解决，或者需要参加大型宴席甚至吃自助餐，建议你剔除主食和甜品，多多吃鱼肉、鸡蛋、牛羊肉和绿叶蔬菜。当你充分了解了碳水化合物在各种食物中的含量后，你甚至可以去吃自助餐而不用担心发胖！所以，关键是你得明白什么坚决不能吃吃、什么重点吃，这样你就能游刃有余地应对外食的就餐选择了。

◎ 第四步：学会自己烹饪 ◎

自己烹饪永远是饮食的最佳方案，因为外食时，你无法控制厨师是否用了含糖酱油，或者烧菜时是否加了糖增加鲜香味，所以减糖是不可控的。然而，当你全程参与了食物的制作过程,就能将减糖牢牢掌控,并且保证食物的新鲜度，吃得放心明白。

建议烹饪多以蒸、煮、凉拌为主，这样能够将食物中的营养成分保留得足够充分。烤和炒也都是建议的，油炸不推荐，因为油遇到高温会变性从而释放有害物质，并且油炸的食物会让身体摄入超标的油脂。

以上这些只是你实施减糖之前的一些常规提醒，真正需要你时刻警惕的，还是过程中的每一个细节。

减糖心理：如何有效抵抗诱惑

戒掉任何成瘾的行为或者食物都是一场炼狱式的心理挣扎。刚开始可能会充满渴望、焦虑，甚至是失落感。这很正常，不过想想应该庆幸，还好这不是毒品，只是糖而已。

从神经学的角度看，吃饭本身就是一件充满愉悦感的行为，食物除了能让我们增强体力和维持日常行为活动外，味觉的刺激产生的幸福感会在大脑中留下深刻的记忆。所以有时候我们会专门去找寻一种儿时吃过的食物，并不是真的有多想吃它，而是吃它的同时能勾起我们的童年回忆。

大脑中帮助记住这些美好感受的系统叫作“中脑边缘系统通道”，当我们吃到美味的奶酪蛋糕时，许多神经元组成的神经束就会通过这个通道刺激到我们的前额叶皮层，而前额叶皮层是控制咱们的行为活动的，它得到的信号便是：“这个甜甜的奶酪蛋糕很好吃，我要记住它的味道！”于是，将来的你就会不断地选择吃下更多的奶酪蛋糕，不断巩固大脑对这种甜食的感受。上瘾就是这样产生的！

但是你要知道，并不是每种味道都能如甜味一般让大脑发出上瘾的信号。因为在人体这么多年的演化过程中，“中脑边缘系统通道”不断增强了对碳水化合物味道的感知度，于是产生了不管甜食也好、米饭面条也罢，一定天天都要吃上大量的碳水化合物类食物的惯性行为模式。

远古时代的人们接触甜味也就是吃水果罢了，但现代的人们有了更便捷的选择——糖。如今，糖的消耗量巨大，且使用量逐年上涨，甚至快超过盐的消耗量。饮料业一年的产值惊人，这可是我们不断购买的功劳哦！我们根本就毫无知觉到底每天吃下了多少糖，也就在不知不觉中开始逐渐对糖上瘾了！这和许多药物滥用、毒品上瘾其实没有本质区别。

说这些并不是责备大家的选择，而是担忧我们当下能选择的食品很有限。不管你之前是主动选择吃下很多糖类和精制碳水化合物类食物，还是不知不觉中吃下很多这类食物，我总结一些有效的方法来帮大家提升控糖的意志力。

◎ 你需要一次实打实的减糖疗程 ◎

从心理学角度，任何行为想要根深蒂固地形成，需要 3~4 周的时间。所以我们下个决心，试试自己在 21 天的时间里不去吃糖，并且告诉自己如果疗程结束后身体不喜欢减糖的感觉，再回去吃糖就是了！一辈子中也不差这个 21 天不吃糖吧！

但戒任何的上瘾行为，一定会有前期的身体和心理的排斥反应。如果一个人要戒毒，周围的亲朋好友甚至整个社会都会帮你，因为毒品很坏这是普遍认知。但减糖这种并不是充满社会拥护度的行为，就有点难了。而且不吃甜品也就罢了，如果你宣布自己将有 3 周不吃主食，你的家人很有可能会反对你的决定，谁叫“人是铁，饭是钢”的理论如此根深蒂固呢！所以，你除了自己下定决心外，可能还需要跟家人做做心理建设，让他们同意并支持你完成这个有期限的饮食计划。

当然，我能告诉你的是，绝大多数人在成功完成 21 天乃至更久的减糖疗程后，是会享受这种无糖的生活的。因为他们会获得很多额外的收获，比如皮肤变好、精力充沛、体重下降等。甚至在阶段性减糖结束后，他们也并没有以往那么强烈地再想去吃糖或者吃精制主食的欲望了。就算回归到以往吃糖和吃同样分量的精制主食的生活中去，曾有的那种愉悦感居然减弱了。大脑还会不断提醒自己："之前减糖的生活挺好的，啥时候再来一次减糖疗程呗！"

◎ 把你的需求放大，欲望减小 ◎

吃糖和吃精制碳水化合物并不是身体的客观需求，也就是说，如果你不吃糖和米饭、面条、面包，完全不会影响你的基本健康，改吃草莓、蓝莓这些低糖水果或者吃糙米、黑米这些五谷杂粮，你仍然可以生活得很好。就算你执行最严格的高阶减糖方案——生酮饮食，你仍然还可以大量地吃花椰菜、西蓝花、西葫芦，吃很多鱼、优质的肉，吃饱和脂肪含量高的椰子油等。也就是说，你吃糖的唯一理由来自欲望，这只是大脑产生糖成瘾依赖下的不自觉选择，而你当下所有的不适感，都是来源于大脑在操控你的欲望的结果。

但你要清楚什么是你当下的客观需求。你选择来看这本书，你一定是对自己有要求的，比如减重、皮肤变好、情绪变好、排泄变好、改善亚健康状况等，那前面的内容我也讲足了减糖成功的好处和身体低糖下的状态变化。这意味着只要你成功做到了减糖，你的需求就是可以实现的！

既然如此，你当下要做的就是把欲望放一边，把你的需求放在首位，把减糖看成是件有使命感的目标来严格执行！

◎ 不要让别人的“罪恶感”破坏了你的减糖计划 ◎

我曾在上课的时候提到过断食和社交的冲突。当你下定决心轻断食，结果周围的亲朋好友正常吃正常喝，还会说服你一起吃，甚至用言语刺激你吃。这些可都是我的亲身感受哦！

虽然减糖计划并没有轻断食那么地不容易社交，你依然可以和朋友们坐在一张桌子上大口吃东西，甚至是去吃自助餐。只是你的选择和别人不大一样。你能因为少吃一大块蛋糕而多吃一大块鱼；你能因为没有喝饮料而多喝一碗汤；你能因为不吃米饭而一个人吃完一整盘的干锅花椰菜，何乐而不为呢？你依然在吃，甚至还能吃得更多。但你和朋友们吃的就是不一样。

如果你一开篇就介绍自己正在执行减糖，所以不吃精制主食，不吃甜品更不喝饮料，朋友们一定会劝你：“偶尔破戒没关系，就吃一块蛋糕，来点米饭，喝点奶茶、可乐吧，明天再戒也无妨！”从心理学的角度看，很有可能是朋友们觉得为啥自己在吃糖而你没吃，内心有些小小的“罪恶感”滋生出来，于是想把你拉回他们的队伍里去。

我建议，你不用第一时间告诉一起吃饭的朋友们你在减糖，选择正确的食物就好，乍看之下和他们也没什么两样。但如果朋友看出了你的变化，比如夸奖你最近怎么皮肤变好了，看起来瘦了，你再把你的心得分享给朋友。这个时候朋友一定不会反驳你的饮食，甚至还可能向你讨教减糖的知识。你们的下午茶或者甜品时间也能顺理成章地改成无奶无糖的美式咖啡或者中国茶配合原味坚果的减糖版本，也许不久后你的朋友也会加入你的减糖队伍中来呢！

◎ 多看看减糖成功的案例来激励自己 ◎

减糖可不是什么新鲜事儿，国内外都有相当多的减糖成功的对比案例。最直观的就是图片对比，很多人会拍下自己的减糖前松松垮垮的肚子和充满赘肉的自拍照，再在减糖结束后拍下同样角度却紧实很多的身材照片，因为减糖确实对中段肥胖的消除有显著的帮助。就算你找不到这些照片，你可以加入我们课程的微信后援群，群里的成功案例也相当多，足够帮你建立起减糖的信心。所以，你并不是一个人在战斗！

心理建设做好了，接下来我会把减糖 21 天挑战切分成每周的食谱、任务和注意事项，堪比说明书般的减糖讲解一定能让你实施起来充满信心和动力。

实战减糖 21 天之第一周

万事开头难，所以减糖的第一周一定是有挑战的。挑战主要来自饮食的改变和身体的不适应感。

◎ 早餐 ◎

早餐我推荐几种低碳水化合物的选择：比如把鸡蛋作为主角的食谱——煎蛋、炒蛋、煮蛋、蛋饼，你可以自由发挥。

之前也说过，一天 3 个鸡蛋是完全没有问题的，低碳减糖期间吃更多的蛋也问题不大，你可以把 2 个鸡蛋的份额给到早餐。煎蛋、煮蛋没啥技巧，大家都能自行完成。

炒蛋建议鸡蛋打匀后加一小碗水和适量的海盐，再用椰子油或者黄油煎，这样做出的炒蛋松软可口。

光吃鸡蛋一定不过瘾，所以你可以准备一些番茄和菠菜，把它们切得比较碎后和鸡蛋以及少许的水和适量海盐混合在一起，然后倒入加入健康油脂的平底锅中煎出两面透黄的鸡蛋饼。

同时建议搭配一杯黑咖啡或者红茶、绿茶。

但是，像什么面条、烧饼、饭团等高碳水化合物的传统早餐都统统去掉。如果觉得饱腹感不够，牛油果、坚果、无糖酸奶都是可以吃的。

减糖挑战期间仍然可以执行 16 个小时不吃饭 8 小时正常吃饭的间歇性饮食，效果会加倍，所以你甚至可以省略早餐这顿，而只喝黑咖啡或茶，将一天的低碳水化合物减糖饮食集中在接下来的 8 小时内完成即可。

◎ 午餐 ◎

无论你吃低碳水化合物早餐还是不吃早餐，中午这顿都很重要，吃饱吃好又达到低碳水化合物的要求其实不难。你继续吃和平日几乎一模一样的食物，只需要更换主食和增量蔬菜以及脂肪的分量便可。

平时里主食以米饭面条为主的你，担心吃不饱，其实大可不必，你可以把主食换成杂粮、豆类和根茎蔬菜，能选择的仍然很多。

根茎类饱腹感强的蔬菜有胡萝卜、山药、芋头、红薯、土豆；豆类中的黑豆、红豆、绿豆、鹰嘴豆、豌豆、四季豆、毛豆；粗粮里的燕麦、玉米、藜麦、小米、黑米、荞麦、糙米全都能放进你的食谱里，煮和蒸都是非常合适的烹饪方法。

实在没时间烹饪，把我刚刚列举的这些根茎类的蔬菜比如红薯、土豆，洗干净保留外皮，用厨房用纸包裹起来，把纸打湿确保湿润度，放入微波炉里转 5 分钟便可以去皮食用。

豆类、粗粮类就用电饭煲制作。这类粗粮或者根茎类蔬菜饱腹感很强，所以不用吃很多就能吃饱，千万别眼睛大肚子小准备很多，正常饭量的人一个拳头的量即可。

同时，我们的饮食重点要转移到非根茎类蔬菜和脂肪上，就算主食有了代替方案，但仍然需要弱化主食概念。比如西蓝花、花椰菜、黄瓜、青红椒、芹菜和各种你家附近的时令蔬菜类，吃到管饱都没问题，做法也想当灵活，煮、蒸、炒或者生吃蘸酱都成。肉食爱好者或者鱼类爱好者们，你们甚至可以用西餐中的牛排配比法，把肉或者鱼作为最重要的“主食”，用蔬菜作为配餐，去掉其他主食。

◎ 下午茶 ◎

下午茶时间段是高碳水以及含糖食物最容易钻空子的时机。也许办公室会有人请客喝奶茶，某位朋友或者同事过生日会收到一块计划之外的蛋糕，又或者仅仅是习惯性的一根香蕉、一个苹果……这些都是减糖期间不被允许的哦！

如果你是水果爱好者，就改喝水果泡的排毒水，或者改吃莓子类水果，用低糖的草莓、蓝莓、覆盆子代替高糖的香蕉、苹果、榴梿；如果你非得从众点上一杯下午茶饮，那就挑无奶无糖的美式咖啡或者纯红茶、绿茶，喜欢喝原味饮品的你应该不会被大伙儿看出来有什么不一样的；不能吃蛋糕，就自备些坚果，原味核桃或者巴旦木永远是你的安全选择，但要控制好分量。

◎ 晚餐 ◎

晚餐的吃法可以和午餐类似，以更换主食配合增加蔬菜和脂肪的原则食用即可。就算遇到外食聚餐，你选择一条鱼配足量蔬菜的点餐方法也完全符合减糖要求，忽略掉你没吃米饭或者没吃面条的惯性主食思维。

不适感及解决方案

减糖的第一周身体的不适应感主要有：缺少主食的初期不安全感；本身就有糖瘾症的朋友减糖时的大脑抵触感会非常强烈；还有最显著的，缺主食而产生的便秘。当然，也会有相当多的人因为精制碳水化合物类主食更换成粗粮或者蔬菜而改善了困扰多年的便秘。毕竟，咱们不是严格要求大家执行超低碳水化合物、超高脂肪的生酮饮食，按道理说不适应度是相当低甚至无法感知的。但由于大家的身体状态不同，难免有感觉上的差异。

针对第一周不适应感的解决方案是：严格配合“大量饮水 + 运动”。

足量的液体摄入到身体里是帮我们缓解不适应感和增加饱腹感最简单直接的方案，而液体中效果最好的便是矿泉水，因为减糖期间补充矿物质，特别是镁元素是必不可少的。2 升的饮水量是减糖期间需要大家必须做到的，可以把 1 升的量放在早晨刷牙前完成，饮用完再刷牙和饮食。这个清晨大量饮水的方案叫作“日本饮水法”，在日本乃至全球都有很多拥护者。我建议大家把这个方法带进减糖挑战的原因是，我们既可以完成大量喝水的硬指标，而且对改善便秘、缓解减糖的身体不适宜反应、增加饱腹感都有显著帮助。另外的 1 升水的量可以通过日常的咖啡、茶、饮食来获取，所以之后的时间不用刻意地喝水，身体也不至于处于缺水状态。

再就是运动。很多人会纠结，低碳水饮食期间是不是就没劲儿运动或者有借口不运动了？不是！

之前说过，减少碳水化合物的摄入，同时增加脂肪摄入的好处是，不让身体储存过量的糖分，而过量的糖分如果不能被身体消耗完全，就会被肝脏以脂肪的形式存储起来，最终变成我们身体上囤积的肥肉。

所以说，低碳水化合物的饮食意味着一定程度的“不长胖”！但如果你想额外燃烧身体里的脂肪，则需要通过启动脂肪代谢的模式来进行燃脂。通过超低碳水化合物的生酮饮食开启脂肪代谢是可行的，但我们的挑战仅仅是减糖的第二个阶段——戒主食阶段，所以想通过这样的饮食来开启脂肪代谢就不现实了。这时候，运动是非常重要的途径，因为运动同样能帮助促成脂肪代谢，而且在减糖期间运动，比正常饮食下运动的燃脂效率更高。当你身体存储的糖分并不太多时，只要运动形式是能流汗并且你能明显感知到肌肉激活的运动类型，你的内脏脂肪、皮下脂肪就都能活跃并且参与到转化过程。这就意味着通过有效运动给身体带来的变化更加显著。

◎ 总结 ◎

所以，第一周里我们在饮食上要做到的就是：

第一，更换主食，增加蔬菜和脂肪的摄入量。

第二，增加矿泉水的摄入量，并且保证清晨起床第一件事是喝足量的水。

第三，适当增加运动，千万别把减糖挑战作为不运动的借口。

实战减糖 21 天之第二周

减糖第二周的饮食，会将允许摄入的食物限制在绿叶蔬菜为主的蔬菜、蛋白质类（包括鱼类、肉类、坚果类、蛋类）、豆类中进行选择，虽然食物更加局限了，但在各种自由搭配组合下，品类仍然是可观的。

◎ 早餐 ◎

如果你实施16 ：8的间歇性轻断食，你完全可以从中午12点再开始吃东西，喝一杯黑咖啡或者红茶、绿茶。

混合蔬菜炒杂豆、清蒸西蓝花，再搭配鱼、肉、水煮蛋等，吃到饱为止。不用去计算热量，也不用管吃了多少，更不用在水里涮掉油脂和盐分。

如果饿了，可以在下午吃一个牛油果或者少量原味坚果。这些食物含有大量的脂肪，可以放心食用。

◎ 晚餐 ◎

在蔬菜、蛋白质和豆类中随便搭配。不管你吃多少、几点吃、吃几顿。总之，在 20 ： 00 点前结束今天的全部饮食就行。

你想象自己的饮食时间就是商场的开门和关门时间，只有营业时间里允许购物，商场关门后和开门前，你想买什么都买不了，无论如何都得攒着第二天开门时再买。带着这个思路去经营你的“进食营业时间”即可。

◎ 美味的“酱汁理论” ◎

在这一周，我们可以开始采用一种全新的吃法，我叫它“酱汁理论”，是低碳水饮食时期易于操作的饮食方法。所谓“酱汁理论”，就是提前自制健康酱汁用于日常饮食。这些酱汁包括了番茄酱、蛋黄酱、芝麻酱、花生酱、辣椒酱、罗勒酱、腰果酱、大蒜酱、油醋酱、牛油果酱、自制泡菜等。

另外，自制酱汁需要注意保质期问题，因为自制的东西没有放防腐剂或者严格杀菌，保质期都比较短，所以自制酱汁一定要冷藏保存，并且及时吃完。

为了方便大家，我分享给大家几个酱汁食谱。

首先是番茄酱。

番茄酱的做法相当简单，不下厨的小白也能完成。我们需要用到搅拌机，大型的立式搅拌机或者迷你的手持搅拌机都可以。先将番茄切丁，然后加入海盐、橄榄油、黑胡椒粉和大蒜，再一起打成酱汁即可。番茄的品种不同，所含的水分也不一样，所以有些番茄打成的酱汁会很稀，可以通过小火熬制，去掉多余的水分，让番茄酱的口感更加浓厚，延长保存时间。喜欢吃肉的朋友，可以混合肉泥熬制番茄酱。番茄酱熬好之后，装瓶冷藏保存。在接下来的 3 天时间里，你可以用它炒菜、蘸蔬菜、拌沙拉、做汤。

自制花生酱。在搅拌机里放入熟花生米、椰子油，然后慢慢搅拌直至花生出油为止。这个过程需要较长的时间。自己做出来的花生酱，不需要放任何的调味料就会非常香，做好装瓶后可以保存半个月的时间。饿的时候，切点胡萝卜条、芹菜条、黄瓜条，蘸着花生酱吃，既可以解馋，又没有负担，还可以增加膳食纤维摄入，帮助排便。

如果你买了很多牛油果回家，眼看全都熟透了却一下子吃不完，那么做成牛油果酱是非常好的解决方案。将 2 个熟牛油果切碎后放入橄榄油、海盐、黑胡椒粉、半个洋葱的洋葱碎、1 个柠檬的柠檬汁，然后放入搅拌机打成泥即可。牛油果酱同样是拌沙拉、蘸蔬菜的好选择。少放一点盐的话还可以直接吃，是一道极其可口的开胃菜。

虽然严格的生酮饮食不允许吃豆子和豆制品，但在 21 天挑战里是允许吃豆类食物的，所以豆子做的酱也是可以吃的。我要强烈推荐鹰嘴豆泥。为了省事，我们可以在超市或者网上购买成品的鹰嘴豆罐头（约 400 克），将豆子冲洗后加入 3 汤勺芝麻酱、半个柠檬的柠檬汁、海盐、黑胡椒粉和 1 瓣大蒜，然后用搅拌机打碎即可。你也可以将鹰嘴豆换成你喜欢的豆类，比如红腰豆、小扁豆或者白芸豆。

最后要讲的就是泡菜。所谓泡菜，就是将蔬菜和天然调味料混合在一起适度发酵。有意思的是，世界上每个地方都有自己特有的“泡菜”。记得有一次，男友特别兴奋地推荐我去一家瑞士餐厅，尝尝他的家乡风味。结果，第一道菜瑞士沙拉简直就是一盘红白萝卜配紫甘蓝的泡菜。我惊呼：“这不就是中国的泡菜吗？”他很严肃地说：“不对，这个是盐醋腌制的瑞士沙拉。”我只能默默点头。其实，富含益生菌的发酵食物是国际通用的，中国的泡菜、瑞士沙拉、韩国辣白菜、德国乳酪、日本味增汤，都是换汤不换药的发酵食物。接下来，我就介绍两种适合低碳水饮食期间吃的发酵食物。

第一种是盐醋渍类的浅发酵食物。

这类食物不用发酵太久，但比不发酵好吃。将嫩姜和你喜欢的任何蔬菜，比如包菜、紫甘蓝、胡萝卜、黄瓜等切丝，放入玻璃瓶中，加入苹果醋或者白醋、足量的盐，在冰箱里放置一到两晚便可以食用。将这些你提前制作好的浅发酵泡菜作为配餐甚至是调味料使用，不仅好吃而且能帮助排便。

第二种是油渍类食物。

油渍类食物也就是用油和蔬菜混合发酵出的风味食物，最有名的就是油渍番茄。将小番茄切成两半，烤 40 分钟变成番茄干，加入生蒜片，放入瓶中，加满橄榄油。放置半个月后，即可食用。

在减糖的第二周里，你可以尝试给自己的厨房增加一些美味酱料，随意组合来增加低碳水化合物食物的风味和挖掘新的低碳食谱。

在减糖的第二周里，我们每天要喝足 2 升优质的水，补充低碳水饮食期间身体所需微量元素，帮助身体适应低碳水化合物摄入的不适感。除此以外，第二周尽可能做一些有效且时间不长的运动，比如 HIIT 这类间歇性训练。

我推荐大家一个简单有效的方法，就是每天 3 分钟平板支撑。如果每天能完成一次标准的 3 分钟平板支撑，你就能很快感受到减糖饮食配合精准运动带来的身体变化。如果你无法做到完整的 3 分钟平板支撑，也可以拆开来完成。每次坚持 1 分钟，做完 3 组即可，每组之间休息 30 秒钟。

第二周最容易偷吃食物，所以避免犯规和作弊是一项相当重要的任务。因为全程只有你知道自己吃下的食物，没有人 24 小时监督你。如果你无意中或者是带着侥幸心理吃下了不能吃的食物，别人是没办法发觉的，只有你自己知道。为了避免这个情况发生，我建议你将自己吃的食物全部拍照，每晚睡觉前留出 1 分钟的时间，检查一下自己一天吃了什么东西，做一次每日饮食的梳理。

在减糖期间，不要频繁更换护肤品或者尝试特殊配方和特殊功效的护肤品。

如果有可能，建议用椰子油和婴儿护肤乳擦脸和身体，最多加个眼霜。我就是这么做的，效果很不错。很多国外低碳水饮食的研究文献表明，由于低碳水化合物高脂肪的饮食结构不易形成脂肪堆积，所以脂肪粒或者皮肤出油堵塞毛孔的现象会大大降低。相反，高糖、高碳水饮食会增加胰岛素分泌量，当身体激素分泌旺盛时，就会引起皮肤发炎。

谷物、淀粉和糖分这类食物，是各种皮肤问题的元凶。所以，在我们的减糖挑战中期，皮肤逐渐变好是个普遍的现象。但是，不要因为皮肤变好就可以乱来，做好简单的护肤就可以，千万不要去增加肌肤的代谢负担。

实战减糖 21 天之第三周

减糖第三周的饮食和第二周差不多，因为 21 天的减糖挑战只要求戒所有含糖加工食物、精制碳水化合物食物和高糖水果，再加上大家可以放心食用的三类食物——蛋白质类（肉、鱼、鸡蛋、坚果）、豆类（各种豆子和豆制品）、蔬菜类（以绿叶蔬菜为主，少根茎类蔬菜），所以可选择的食物非常多，大家在这三大类食物里随意挑选即可。

至于烹饪方法，我隆重推荐一种吃法，我将它命名为“咖喱乱炖”。在国外低碳水饮食的菜系选择中，墨西哥菜和泰国菜成了强烈推荐的菜式。很多人都有点疑惑：“这两个菜系以卷饼和米饭闻名，怎么就成了低碳水饮食呢？”

虽然墨西哥菜最有名的卷饼（Burrito）和馅饼（Quesadilla），里面的馅料就是杂豆、蔬菜、酱汁，但是包裹它们的玉米饼我建议去掉。另外，墨西哥人喜欢吃牛油果酱。这些都是可以放心食用的食物。

至于泰国菜，大部分的菜式都是用椰浆、椰子油、蔬菜、肉、鱼以及香料烧出来的，如果去掉搭配的米饭，确实满足低碳水饮食的要求。

◎ 百搭菜式：咖喱乱炖 ◎

咖喱乱炖的创作灵感来自泰国菜。毕竟清蒸、清炒或者水煮这些烹饪方法都不够美味，咖喱乱炖是一种美味能够让你长期坚持的吃法。

咖喱乱炖的做法很简单。

第一步，把你喜欢的豆类和蔬菜用适量的水煮熟。如果是用现成的熟豆子，可以和蔬菜一起煮；如果是生豆子，需要事先浸泡一晚再煮。

咖喱乱炖里的蔬菜建议选择耐烧的洋葱、胡萝卜、西葫芦、西蓝花、花椰菜、青椒等。豆子可以选黑豆、鹰嘴豆、青豆或者红腰豆。如果你喜欢吃鸡肉或者鱼肉，也可以放进锅里一起炖。

第二步，把豆子和蔬菜煮熟了之后，再加入椰浆或者椰子油，以及海盐、黑胡椒粉和大量的咖喱粉，然后炖一段时间。

喜欢吃脆一点的，就少煮一会儿；喜欢吃烂一点的，就多煮一会儿。如果家里没有咖喱粉，也可以用姜黄粉、肉桂粉、孜然粉、小茴香自己调制。我建议直接买混合了天然香料的咖喱粉，做菜的时候放进去，不仅能增加蔬菜的香味，而且这些药食同源的香料还有促进血液循环、消炎、减脂、控血糖的效果。

咖喱乱炖的口感非常浓郁，吃起来非常好吃。而且，这些食材饱腹感极强且富含膳食纤维，既好吃、营养、耐饿，又能促进排便。

◎ 运动选择 ◎

关于第三周的运动，我仍旧建议大家采取 HIIT 间歇性训练的方法来锻炼身体，不要求进行长时间的锻炼。如果动作有效，半小时里就能达到效果。

除了我推荐的平板支撑外，你可以下载 Keep 软件，在里面选择关键词为“HIIT”或者“减脂”的运动训练，跟着老师做完就可以。这些训练基本都在 30 分钟左右，不但能有效出汗，还能紧实身体，是很好的辅助运动。

减糖阶段性体验之后，你该做什么

3 周共计 21 天的减糖挑战结束后，接下来的问题是：我们该如何吃才能巩固或者升级减糖效果？

在减糖挑战的3周里，我们的饮食集中在蔬菜类、肉类、鱼类、鸡蛋类、豆类、坚果类中选择。其实，除了限制了精制碳水化合物类食物、甜味水果和糖以外，减糖食谱和我们平日饮食的区别并不大。如果大家已经在低碳水化合物含量和不限制脂肪与蛋白质的饮食结构下感受到了身体的变化，接下来的时间里，我们应该采取什么饮食结构？这是你需要尽快明确的新问题。

我给大家几种建议。

◎ 持续坚持派 ◎

如果你喜欢低碳水饮食，而且坚持下来不费力，建议你持续采用一模一样的饮食策略，或者按照去掉精制碳水化合物和糖的原则来安排日常饮食。

我举双手支持这一派，这也是我在减糖一个月后采取的饮食方案。因为在低碳水饮食结构下，我们的饮食仅仅是戒糖和戒掉精制碳水化合物类食物，身材是可以被控制在长期良好的状态下的，你再也不用担心体重反反复复或者忽高忽低的问题了。长期坚持下来，你能感受到的最大变化便是深度的抗糖化。

说到抗糖化，不得不提近年来网上炒得火热的糖化反应和抗糖丸。近年来，科学家普遍认为，糖化反应是导致皮肤衰老的元凶，而抗糖丸则是被明星网红们带火的抵抗皮肤衰老的产品。在我看来，这其实是一种智商税。

我十分认可糖化反应会导致衰老，那到底什么是糖化反应呢？专业点的解释是，身体内的糖分子与蛋白质或脂质分子结合后生成的一种褐色物质，这种物质的沉淀可能会造成皮肤的暗沉甚至老化。

所以，当你摄入过多的糖分子，它们必然会加速你的皮肤的糖化反应生成。之前我也反复说到，糖分子不仅仅是吃起来感到有甜味的糖和糖类食品，所有的碳水化合物食物都脱不了干系，其中含膳食纤维多的豆类、根茎类蔬菜们在膳食纤维的帮助下，不至于导致糖分子堆积，多数是能被代谢掉的，所以导致皮肤糖化反应而加速衰老的，全是我们 21 天挑战中严格限制的这些食物。

那么抗糖丸又是什么呢？目前市面上抗糖丸的配方多为硫辛酸、维生素 C、肌肽以及维生素 B_1、维生素 B_6、维生素 E。天然的维生素 C 主要存在于新鲜蔬果中，天然的肌肽存在于鸡胸肉和鱼肉中，天然的硫辛酸则在菠菜、西蓝花、豌豆中较多，坚果是维生素 B 族和维生素 E 的重要来源。所以，市面上价格不菲的抗糖丸居然就是我们减糖饮食清单中的食物组成的营养大杂烩。

为什么我说吃抗糖丸是交智商税，而建议大家尽可能持续采用低碳水饮食来抵抗糖化呢？因为一边吃抗糖丸一边吃蛋糕、喝可乐，就和“敷着最贵的面膜，熬着最深的夜”一样，是个瞎折腾的伪命题。

北京大学医学部副教授周平就曾肯定地说过：“除了血糖高、糖尿病等需要相关药物控制和治疗外，其他情况下没有抗糖化的必要，糖化过程也是不可逆的。”

所以，你想通过这些小药丸来阻止糖分和体内的蛋白质或脂质分子结合的糖化反应是不可能的。因此，控制自己的食物选择，降低对糖分的依赖，改用富含膳食纤维的低 GI 食物代替精制碳水化合物类的高 GI 主食，才能做到真正的长效抗衰老。

但有个好消息是：就像人晒黑后一段时间还会变白一样，糖化反应生成的糖化终产物（AGEs）也可以随着人体正常的新陈代谢排出。糖化反应随时都在发生，人体内的蛋白质持续和糖发生反应，与此同时，我们体内不断生成的新的蛋白质会将其代替。所以年轻时候的我们，新陈代谢速度很快，根本不需要为了糖化反应担心。但随着代谢缓慢，胰岛素敏感度降低，糖化反应才会越来越显现。但如果我们能从当下开始干预，从饮食上断绝大量糖的摄入，那么导致衰老的糖化反应要迟缓很多年！这可能会为你节省一大笔美容经费！

那么，长期控制碳水化合物的摄入，你能感受到的变化会是什么呢？曾被美国《人物》杂志评为“世界十大最美女星”之一的哈莉·贝瑞，19 岁那年晕倒在片场，后来被确诊为家族遗传性糖尿病。从那时起，她就开始严格控制糖分的摄入，几十年如一日坚持实行低碳水饮食。当年还在担心糖尿病会毁掉事业的她，如今已经 54 岁了，还频频被全球各大媒体誉为“冻龄女神”和“最性感身材”。很多人问她：“你是怎么做到的？”她的答案是长期运动和减糖。万万没想到，糖尿病患者还能克制吃糖的欲望从而延缓衰老。那么从今天起，你就想象自己和哈莉·贝瑞一样，是一个遗传性糖尿病患者，从此对糖敬而远之吧！

◎ 偶尔放纵派 ◎

除了长期实施减糖低碳水饮食外，其实还有一种更人性化的方案，同样建议大家考虑，它便是 6+1 碳水化合物循环法——在每周的 6 天时间里实施低碳水饮食，第七天放开吃，包括米饭、面条、蛋糕、冰激凌、饼干等高碳水化合物食物。下一周再继续如此循环。

对于低碳水饮食会影响生理周期的女性来说，6+1 碳水循环法可以平衡经期所需的碳水化合物摄入，从而保证经期正常；对于对减重减脂无太多要求的人来说，这个方法可以保证体重维持平衡，不会大起大落；对于糖瘾患者来说是一把双刃剑，有些意志力强的糖瘾依赖者采用碳水循环后身体感觉很舒适，既满足了吃糖的欲望，又达到了减糖的效果，可谓两全其美。然而对于糖上瘾且意志力薄弱的人，这个方法太容易失败了，因为往往第七天会过度放纵自己，暴饮暴食，在低碳水饮食日收不住，导致前功尽弃。所以，这个方法看起来简单，但要看到效果，需要强大的意志力和自控力。

◎ 回归放纵派 ◎

那么，21 天减糖挑战结束后，回归正常饮食是否可以呢？我的答案是，当然可以。回归正常饮食的初期，少量精制碳水化合物或者糖的摄入，就会给你带来比以往更强烈的感知，因为减糖期间我们对糖瘾的依赖降低了，对糖的灵敏度提高了。所以，建议考虑回归正常饮食甚至继续吃甜食的人，先不要按照以前的量进食，一点点地慢慢适应。

其实，就算你执意要回归正常饮食，之前的减糖挑战也不是完全没有功劳。因为阶段性身体摄入的糖分减少，胰岛素分泌机制有了休息的时间，之后工作起来也就更加轻松。

所以，我不要求大家做苦行僧，吃点好的，还是很有必要的。但是放纵之后，千万记得要定期回来做一做 21 天减糖，给胰岛素放个大假！

PART

第 8 章

21 天减糖轻断食菜谱

低碳水化合物饮食的不完全说明书

在正式开始减糖轻断食食谱之前，我们必须搞清楚一些问题和原则。

什么是低碳水饮食

低碳水饮食，顾名思义，意味着你要吃更少的碳水化合物，用更多的脂肪来为身体提供能量的饮食方式。所以这种饮食也被称为“低碳水化合物、高脂肪饮食”，这两者是跷跷板的关系。补充一句，极致的低碳水饮食就是生酮饮食，但我个人并不倡导这种饮食法。

几十年来，我们被告知脂肪对身体不好，但问题是大多数所谓的“低脂”产品其实都是隐性的“高糖”产品，它们占领了超市的货架。你可以去附近的超市走走，看看是不是大多数的食品和加工食品都是碳水化合物和糖的组合占据了绝大部分。

研究显示，人们完全没有理由去抵制自然脂肪。事实上，当你避免食用更多的糖和淀粉的时候，你的血糖是趋于稳定的，而用来贮存脂肪的激素则会急剧降低。所以，低碳水饮食大大有助于增加脂肪的燃烧，使得我们能够对自己的状态更为满意。

已经有足够的科学研究证明，低碳水饮食可以令人们更容易减肥成功，也能更好地控制血糖。当然，低碳水饮食的好处还远不止这些。这也是为什么，我非常希望大家能拿出一个完整的 21 天时间去实践我在书里的菜谱。因为这些菜谱都来自训练营学员的实践总结，有无数学员因此而受益。

那么，为什么要在减糖实战里主张低碳水饮食呢？答案很简单，因为你不可能完全避免碳水化合物的摄入，事实上，那种明星们声称自己 N 年没吃过主食的说法，并不足够精准，也不科学。

长期缺乏碳水化合物的摄入，会导致女生大姨妈出走，掉头发等毁灭健康的副作用。但低碳水饮食绝对不会对我们的健康有危害，它在碳水化合物足以维持人体健康的需求下进行，会令你舒适、健康且有效减肥。

低碳水饮食期间究竟能吃什么

这部分我会详细地给到你们一个低碳水饮食的黑白名单。

◎ 可以吃到饱的食物 ◎

先从表8-1开始,这里是一个基本的食物组,也是你可以吃的全部食物类别,这张表里的食物你可以吃到自己满意为止:

表8-1

食物类型	碳水化合物（每100克含量）
天然脂肪（黄油，橄榄油等）	0
鱼类和贝类	0
奶酪制品	0
长在地上的蔬菜	1~5
鸡蛋	1
肉类	0

表中的数字代表每100克食物中所含碳水化合物的克重数，膳食纤维不计算在内。

这张图表里的所有食物的碳水化合物含量都低于5%。坚守这些食物的基本规则，则会让你很轻松地做到严格低碳水饮食。注意，我说的严格低碳水饮食是指每日的碳水化合物摄入总量不超过20克。

◎ 严格禁止的食物 ◎

那你需要严格禁止的食物就在表8-2里了。

表 8-2

食物类型	碳水化合物（每 100 克含量）
水果（尤其是香蕉）	6~20
土豆	15
面条	29
啤酒	13
白米饭	28
白面包	46
甜甜圈	49
苏打水、果汁	52
糖果	70
巧克力	60

所有这张表里的食物，在这减糖的 21 天里面你连碰都不要碰。因为它们都是高糖、高碳水化合物。

低碳水饮食期间我们能喝什么

那么，你能喝些什么呢？看看表 8-3 就知道了。

表 8-3

食物类型	碳水化合物（每 100 克含量）
矿泉水、白开水	0
黑咖啡	0
现泡纯茶	0
红酒	2

什么是低碳水饮食的完美饮料呢？当然是天然矿泉水了。所以我建议饮用矿泉水，因为会有更多的微量元素，喝起来味道也不错，清冽甘甜。

柠檬水或酸橙水：即使是 16 个小时的非进食时间里，你也可以在水中加入适量的柠檬和酸橙来调味。在吃饭时饮用大量柠檬水或酸橙水，也有助于胃酸分泌不足的人消化食物。

排毒水：在水中加入柑橘类的水果切片或柑橘皮、整枚或切片的浆果或其他水果、薄荷或姜之类的新鲜药草，甚至是像小黄瓜之类的芳香类蔬菜，但绝对不要加糖！这种水可以提神醒脑，尤其在 16 小时的非进食时间里饮用，会有很好的抑制饥饿感的效果。

花草茶：可以喝，但前提是不要加糖，以及不要饮用非常规的花草茶，毕竟你不是神农，无须以身试百草。

路易波士茶：这种茶富含强效抗氧化剂，可促进人体内调节性 T 细胞的产生，动物实验还证明它可以缓减结肠炎症状，所以是很好的茶饮品。而且它不含咖啡因，下午想提神又害怕晚上睡不着的同学就可以来一杯了。但是我这么说，不代表你一定要去买这种茶，不是必需品，有就可以喝，没有不需要特地去买。

姜黄水：我在超级食物里介绍过它，但这里还是要说明一下，姜黄有很强的抗炎性能，大量摄入可能会抑制调节性 T 细胞的活性。什么是调节性 T 细胞？简单来说，就是守护人体免疫力的很重要的细胞。

绿茶、红茶和咖啡：这些都含有咖啡因，你可以喝，但建议早上适度饮用，否则对睡眠不利。在训练营里面，睡眠也是会被强化的训练部分。

椰奶或者椰浆：可以饮用的奶制品，但买的时候除了确定它不含添加糖之外，还要确保它不含乳化剂。椰浆一般是做菜用的，椰奶在很多甜品店里都会作为必备材料。有的人不喜欢在菜里面放奶油，那不妨用椰奶试试，效果会很惊艳。

椰子水：含果糖，最好不喝，如果实在需要一点甜味的饮料，那么椰子水是好的选择。但需要适度，每天不超过 300 毫升的量是可以接受的。

奶类：绝对不可以喝！因为牛奶里有乳糖，而你买得到的零乳糖的牛奶其实是把乳糖分解成了葡萄糖和单糖，还是糖。你可以适当饮用植物奶、豆奶。我也不推荐豆奶，因为豆类也是高淀粉食物，减糖期间尽量避免，但坚果奶是值得尝试的好选择。

酒类：你可能只能喝含糖量极低的干红葡萄酒或者干白葡萄酒，且每天不能超过一杯。啤酒是高碳水化合物的陷阱，也叫液体面包，一定要规避。

低碳水饮食的主食怎么吃

原则上来说，你所摄入的碳水化合物含量越低，你的减肥和控血糖效果也会越显著。

如果你对自己的体重比较满意，不是要刻意减肥太多，只想吃得更健康，身体状态更好，你可以适当选择中低程度的低碳水饮食。反之，如果你对自己的减肥需求非常迫切，而且需要减掉的数字也很大，那你就毫不犹豫地严格执行深度低碳水饮食一段时间就好了。

自由低碳水饮食中，你每天的碳水化合物摄入量可以在 50~100 克之间，但这不是我们的主要任务。换句话说，任何人在这场减糖 21 天中的每日碳水化合物摄入量都不能超过 100 克。

中度低碳水饮食中，你每天的碳水化合物摄入量在 20~50 克，这是我们第一周的主要目标。

深度低碳水饮食中，你每天的碳水化合物含量不能超过 20 克。

所以，每个人的状况不同，3 周里面选择的碳水化合物摄入量也不同。

总之，最重要的原则是，你必须在完整的 21 天里固定你的吃饭时间，这是非常重要的。

还有人问："如果不吃主食，可以用什么食物来代替主食？"

在第一周的时候，如果你实在需要碳水化合物，你一天也可以摄入一拳头量的糙米饭。但是，糙米饭是我们唯一允许食用的米饭类主食了。

中低碳水饮食期间，红薯、南瓜、山药、藜麦、薏米、豆类（鹰嘴豆、绿豆、扁豆、红腰豆等）可以用于替代主食。替代主食并不意味着无限量吃，只是平日里一碗白米饭的量，你用这些含膳食纤维、饱腹感强且碳水化合物含量不算高的食材替代而已。

深度低碳水饮食期间，你可以吃西蓝花、花椰菜、奶油烤菠菜、西葫芦制作的瓜面，这些都是可以吃到饱且碳水化合物含量非常低的美味“主食”。

21 天减糖实操食谱

21 天是一个习惯养成的周期，如果我们用 21 天的时间完全做到 16 ： 8 间歇性轻断食饮食和低碳水饮食，身材上和身体状态上都会呈现肉眼可见的明显变化。接下来，我给大家整理的这个 21 天的食谱，用简单易得的食材和人人都能轻松完成的料理步骤，让大家吃得营养、吃得健康、吃得美味。

食谱中的就餐时间是我习惯的 16 ： 8 的执行时间，你也可以有你习惯的方便的间歇性轻断食时间。如果你吃早餐，就把晚餐提前或省略。如果你可以接受没有早餐，强烈建议你跟着我的时间来体验一下。

改变需要过程，但你需要的是给自己一个改变的机会！

另外，为了方便大家掌握分量，1 杯的容量为 250 毫升（250 克），1 汤勺约为 15 毫升（15 克），1 茶勺约为 5 毫升（5 克）。在菜谱中会使用到的搅拌机，指的是转速比较高的破壁机，只需要高速打碎食物即可。菜谱中的食用盐多用海盐，因为海盐含钠量比普通的食用盐少，还富含多种矿物质。没有海盐的话，也可以用普通的食用盐代替。

●●●

Day 1

●●●

◎【早午餐】菠菜菌菇碗配魔法牛油果酱汁 ◎

魔法牛油果酱汁材料：

1个牛油果（用熟的牛油果，否则做不出奶昔状的质感），50克开心果（开心果的坚果香气很重要，如果没有开心果，也可以用花生、巴旦木、核桃或者松子代替，但口感上会差一些），1小把香菜（不吃香菜的话可以不加，也可以用罗勒叶或者小葱代替），80毫升矿泉水，2茶勺海盐（根据你的口味调节），1瓣大蒜，1个青柠檬的汁（也可以用黄柠檬代替，但清香味会减少很多），半个青椒（根据你的口味来选择，吃辣的朋友建议选择小青椒，不吃辣可以不放或者放1/3个青圆椒），50毫升的橄榄油（不用担心油太多，毕竟是酱汁，是用来拌菜饭来吃的，吃起来并不会有油腻感）

菠菜菌菇碗材料：

菠菜、平菇、黄油、橄榄油、蒜泥各适量

糙米、小米、野米（美洲菰米）、藜麦各适量（任选一种作为主食）

做法：

（1）将“魔法牛油果酱汁”的材料一起放在搅拌机里，打成泥，盛出即可。

（2）蔬菜部分：用橄榄油将菠菜炒至断生；平菇切片，用黄油和适量蒜泥炒至平菇变软。

（3）主食部分：从糙米、小米、野米、藜麦中任选一种，煮熟或者蒸熟后，一小饭碗的量即可。

（4）在蔬菜和主食上浇上新鲜制作的魔法牛油果酱汁（里面已经含有丰富的脂肪和蛋白质了，所以不用额外添加蛋白质食物），一个简单、健康且饱腹感满满的 Bowl 就做好啦！

碗（Bowl）这个概念是健康轻食中常见的搭配。具体的做法很简单，按照“色彩丰富的蔬菜 + 蛋白质 + 优质脂肪 + 低 GI 主食 + 灵魂酱汁”的公式来制作，就能满足一个成功的 Bowl 的基本要求——色香味俱全。

做好的多出来的“魔法牛油果酱汁”不需要一天之内吃完。放入冰箱冷藏的话，可以存放一个星期。你也可以倒入冰格中冷冻保存，需要的时候取出一两块，解冻即可食用，非常方便。

酱汁是一道菜的灵魂。一旦你拥有了美味酱汁，其他食材只需最简单的切块生食或者水煮，最多用平底锅煎一煎或者用烤箱烤一烤，就是一道美味的食物。

◎【下午加餐】莓子菠菜蔬果昔 ◎

材料：

半个牛油果，50 克蓝莓，250 毫升矿泉水（或者椰子水），1 个苹果（如果用椰子水就不需要苹果增加甜味了），10 片菠菜叶

做法：

将所有的食材放入搅拌机中搅拌 30 秒钟，即可饮用。

◎【晚餐】西葫芦比萨 ◎

材料：

1 个西葫芦，50 克马苏里奶酪，50 克帕玛森奶酪，适量黑胡椒粉

番茄酱汁材料：

3 个番茄(分量取决于你想做多少)，2 汤勺橄榄油，1 茶勺海盐，3 瓣蒜的蒜泥，少许牛至叶碎（没有也可以用香菜叶替代）

做法：

（1）先将西葫芦切成圆片（或者是长片），取决于你希望比萨长什么样子。因为是迷你版比萨，适合一口一个，所以顺着西葫芦切圆片就好。

（2）制作番茄酱：将番茄、橄榄油、海盐、蒜泥、牛至叶碎煮成酱。

（3）将第一个步骤中切好的圆片平铺在烤盘上，浇上制作好的番茄酱，再铺上你喜欢吃的奶酪和黑胡椒粉（建议用马苏里奶酪和帕玛森奶酪）。

（4）烤箱预热后，将食材放入烤箱，200 摄氏度烤 5~10 分钟就好（取决于你希望吃软的还是脆的）。

没有烤箱也没问题，可以用平底锅或者炖锅完成这道料理。先将锅中油烧热，平铺几片蒜片，再铺第一层西葫芦片，倒入适量番茄酱，再铺第二层西葫芦片，再倒入适量番茄酱，均匀地撒上奶酪碎，再铺最后一层西葫芦片和番茄酱。盖上盖子，小火煎 10 分钟后关火，表面撒上奶酪后，就可以食用了。

●●●

Day 2

●●●

◎【早午餐】鸡蛋饼配红薯泥 ◎

材料：

4~5 个蘑菇，2 汤勺橄榄油，1 个西葫芦，半个洋葱，1 个中等大小的红薯，3 个鸡蛋，2 汤勺淡奶油，黄油、海盐、黑胡椒粉各适量

做法：

（1）分别将蘑菇、西葫芦和洋葱切片备用。

（2）平底锅加入橄榄油，加入蘑菇片、西葫芦片、洋葱片，炒至变软出水后加入海盐和黑胡椒粉备用。

（3）3 个鸡蛋加入 1 汤勺奶油（或者水）打散，再加入海盐。

（4）平底锅放入橄榄油后将蛋液倒入锅内，待鸡蛋成形后加入炒好的洋葱片、西葫芦片、蘑菇片（还可以撒上适量的奶酪碎）。

（5）最后将鸡蛋对折包裹里面的菜即可关火待用。

（6）把一个红薯洗净后，留皮对半切块，锅里放水蒸至中心变软。

（7）用勺子将红薯泥挖出来，再把红薯泥混合 1 汤勺奶油、1 茶勺海盐和 1 小块黄油后，放在蛋饼旁边当主食。

◎【下午加餐】健康坚果球 ◎

材料：

300 克原味坚果（巴旦木、核桃、南瓜子、葵花籽、芝麻均可），1 汤勺生可可粉，2 汤勺椰子油，2 汤勺无糖花生酱（还可以加一点无糖椰蓉）

做法：

（1）把原味坚果放入料理机中打碎成粉末状，倒入碗里。

（2）加入生可可粉和融化的椰子油。

（3）再加入花生酱。

（4）把碗里的所有东西都混合均匀后，碗里的食料应该成面团状。用手将其捏成一个一个的小圆球状，如果家里有椰蓉，也可以裹上一层椰蓉，味道会更佳。

（5）把所有的小圆球放入冰箱冷冻成型，就可以食用了。

我一般会用那种装巧克力的有一个一个小洞的盒子，或者直接用圆球形状的冰格，来制作和盛放这些坚果圆球。

加餐的时候吃 3 颗，就能让你有饱腹感，多余的可以冷藏放在冰箱当零食，饿的时候拿出来吃，可以存储 2 个星期。

◎【晚餐】奶油花椰菜饭 ◎

无糖无麸质无淀粉的花椰菜饭是低碳水饮食必须掌握的菜谱。好吃的花椰菜饭可以让你放弃对米饭的执念。制作起来也非常简单，花椰菜饭可以烤也可以炖，没有烤箱也可以轻松完成。

材料：

1个中等大小的花椰菜，1茶勺黑胡椒粉，2茶勺海盐，2汤勺淡奶油，100克帕玛森奶酪

做法：

（1）花椰菜切块，煮熟或者蒸到断生后切碎。

（2）平底锅中放入淡奶油和海盐、黑胡椒粉，一起煮热后，放入奶酪搅拌均匀，直到奶酪完全融化（用小火，防止糊锅），再将花椰菜倒进奶油中混合。

（3）如果有烤箱，混合好后就放入烤盘，撒上帕玛森奶酪烤10分钟；如果没有烤箱，就用平底锅，小火慢炖10分钟至花椰菜和酱汁融合即可。

●●●

Day 3

●●●

◎【早午餐】酸奶酱鸡肉沙拉 ◎

这款沙拉你可以事先用广口瓶做好，常温腌制半小时至半天的时间（让酸奶酱汁融合新鲜的食材发酵一下，但时间不能太长，更不能常温过夜，否则会放坏），也可以现做现吃。

酸奶酱材料：

2 杯自制无糖酸奶或者无糖希腊酸奶，半杯橄榄油，1 汤勺葡萄醋（或者米醋、苹果醋、陈醋，也可以用柠檬汁代替），1 瓣大蒜，1 小段青辣椒（或者一茶勺辣椒粉，不吃辣也可以不放），适量小葱（或者香芹叶），1/3 个洋葱，适量海盐（根据你的口味调节）

鸡肉沙拉材料：

1 块鸡胸肉，3~5 片生菜叶，1 根芹菜（切成碎丁），5~10 颗葡萄，3 个小番茄（切丁），半根大葱（切碎），1 茶勺海盐，1 茶勺黑胡椒粉

做法：

（1）将酸奶酱的全部材料混合均匀即可，冷藏可以保存 5 天，但需要尽快食用，否则味道会越来越酸。

（2）1 块鸡胸肉切块后水煮，捞出切丁，混合海盐和黑胡椒粉调味。

（3）在 1 个玻璃罐子塞入生菜叶、葡萄、芹菜丁、小番茄丁、适量大葱末和新鲜的酸奶酱汁。

（4）盖上盖子，摇晃均匀后静置一会儿后，即可食用。

◎【下午加餐】草莓奶昔碗 ◎

材料：

150 毫升巴旦木奶（也可以用腰果奶、豆浆或者核桃奶），60 克草莓（建议草莓提前切成小块后冷冻，这样奶昔里面就可以不用加冰块，做出来像冰激凌奶昔的质地），1 根香蕉，1 汤勺奇亚籽或者亚麻籽，1 汤勺椰子油

做法：

将所有食材放入搅拌机中，搅拌 30 秒后，倒出即可食用。

点缀在上面的花饰浇头则可以随意些，放一些切片草莓、蓝莓、覆盆子、黑巧克力碎（也可以撒可可粉）、椰子片，奇亚籽、亚麻籽、葵花籽（或者其他坚果碎）都是可以的，你可以充分发挥自己的想象力。

◎【晚餐】健康小火锅 ◎

材料：

时令蔬菜（茄子、西蓝花、西葫芦、丝瓜、芦笋、莴笋等均可），一些可以涮火锅的肉类，海盐、大葱、生姜片、大蒜片各适量

万能花生酱汁材料：

100毫升花生酱（可以用搅拌机自制花生酱，也可以购买现成的无糖花生酱；对花生酱过敏的话，可以用芝麻酱或者巴旦木酱代替），60毫升酱油，2汤勺芝麻油，80毫升水，2汤勺葡萄醋（或者米醋、苹果醋、陈醋都可以，也可以用柠檬汁代替），1茶勺辣椒酱（可以用辣椒粉代替）、适量的姜末（也可以用生姜粉），1瓣大蒜（做成蒜泥），适量的海盐（因为已经有酱油了，如果你口味清淡，也可以不放海盐）

做法：

（1）将你选择的时令蔬菜和喜欢吃的肉类，切块待用。

（2）煮一锅水，加入海盐、大葱、生姜片、蒜泥（也可以用高汤作为火锅汤底来熬制蔬菜和肉类）。

（3）将蔬菜和肉类放入水中，煮熟后捞出。

（4）调制万能花生酱汁。将万能花生酱汁中所有的材料用搅拌机混合均匀即可。冷藏可保存2周。

（5）用调制好的万能花生酱汁拌水煮的蔬菜和肉，就是一个超级简单且好吃的健康小火锅啦！

●●●

Day 4

●●●

◎【早午餐】红薯吐司 ◎

沙拉材料：

3个小番茄，半个牛油果，1根芹菜，1汤勺橄榄油，半个柠檬的汁，海盐、黑胡椒粉、葡萄干各少许（或者草莓丁，只是为了让红薯增加一点相呼应的甜味）

吐司材料：

1个红薯，黄油、芝麻各适量

做法：

（1）红薯切厚片后，平底锅内加入黄油，放入红薯片，两面煎红薯至变色。

（2）用沙拉材料制作浇头沙拉：小番茄、牛油果、芹菜切丁备用，混合橄榄油、柠檬汁、海盐和黑胡椒粉，再混合少许葡萄干或者草莓丁。

（3）将拌好的沙拉铺在烤好的红薯吐司上，最后撒一些芝麻点缀。

◎【下午加餐】无糖椰奶奇亚籽布丁 ◎

奇亚籽非常适合制作下午茶点，但唯一的问题就是液体和奇亚籽的比例不好掌控。不同的液体和奇亚籽在一起的吸收率不一样，液体和奇亚籽的比例通常在 8 ∶ 1 到 5 ∶ 1 不等。另外，奇亚籽布丁可以用很多液体作为基底来制作，比如巴旦木奶、腰果奶、核桃奶或者橙汁、椰子水等。

材料：

200 毫升无糖椰奶（或 180 毫升的椰子水），35 克生奇亚籽，新鲜水果（选择猕猴桃、草莓等时令新鲜水果，切块）

做法：

（1）奇亚籽一定要提前用椰奶或者椰子水浸泡一晚上（放入冰箱冷藏浸泡），至少也要 2~3 小时，否则无法呈布丁状（你还可以在浸泡成布丁状的奇亚籽上铺一些椰子片或者椰蓉）。

（2）用猕猴桃块、草莓块或者橙子等你喜欢的新鲜水果块点缀。

◎【晚餐】西蓝花鸡胸肉配腰果酱 ◎

材料：

2 块鸡胸肉，3 汤勺橄榄油，1 茶勺黑胡椒粉，1 茶勺海盐，1 茶勺辣椒粉（花椒粉、大蒜粉或者牛至粉等，任何你喜欢的香料都可以），半个西蓝花（切块）

腰果酱材料：

80 克生腰果，80 毫升矿泉水，1 瓣大蒜，1/3 个柠檬的汁，适量海盐（根据你的口味调节）

做法：

（1）生腰果建议提前浸泡 3 小时，时间久了蛋白质容易变质，不浸泡不会那么顺滑。腰果酱的全部食材用料理机搅拌成泥状即可，可放至冰箱冷藏保存 3 天。

（2）将鸡肉与橄榄油、黑胡椒粉、海盐、辣椒粉混合在一起腌制 1 个小时。

（3）锅里放油，两面煎腌好的鸡胸肉至完全熟透。

（4）用沸水煮西蓝花块至完全变软，滤掉水分。

（5）浇上腰果酱汁即可食用。

素食者可以将鸡胸肉换成豆腐块，其他做法一样。

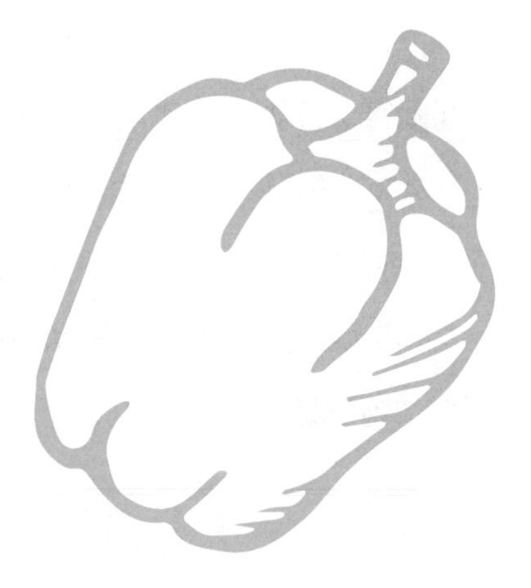

●●●

Day 5

●●●

◎【早午餐】烤鸡蛋蔬菜糕 ◎

材料：

4 个鸡蛋，3 茶勺海盐，1 汤勺橄榄油（或者椰子油），100 克奶酪碎，你喜欢的蔬菜切碎（如菠菜碎、番茄碎、洋葱碎等），若干片培根（切丁，或者用鸡肉丁），50 克淡奶油（或者椰奶）

做法：

（1）将 4 个鸡蛋打成蛋液。

（2）蛋液中加入海盐、橄榄油（或者融化的椰子油）、奶酪碎，还有你喜欢的蔬菜，再放入培根丁，加入淡奶油（或者椰奶）。

（3）将蛋液倒入事先涂好油的烤麦芬的模具中（也可以装入小碗中），上下火 180 摄氏度烤 25 分钟或者微波炉中高火 10 分钟即可。

（4）之前制作的牛油果酱汁或者腰果酱汁，都可以浇在鸡蛋蔬菜糕上食用，以增加鸡蛋蔬菜糕的风味。

◎【下午加餐】无面粉蓝莓麦芬 ◎

这种麦芬简直是减糖减肥者的福音，每天吃一个，好吃又没有负担。巧克力口味和蓝莓口味都是不错的选择。我建议大家烤一次后分几天吃完或者分享给朋友、家人，虽然很美味，但是千万不要贪吃。做好的麦芬常温可以保存3天。

材料：

250克巴旦木粉（买现成的巴旦木粉，也可以用搅拌机将巴旦木打成粉），3汤勺椰子粉，1小茶勺发酵粉（泡打粉也可以），1小茶勺海盐，3汤勺椰子油（需要提前融化），2个鸡蛋，半杯蓝莓，200毫升水（水需要一点点慢慢加，否则会很稀）

做法：

（1）将椰子粉和巴旦木粉混合，一边加水一边用筷子搅拌，代替常规面团。

（2）将所有材料混合均匀后，放在小杯子（或者烤麦芬的模具里面），烤箱预热175摄氏度烤20分钟即可。

（3）如果你想吃得更甜一些，可以放一些切碎的枣子（椰枣或者红枣）。

◎【晚餐】咖喱烧三文鱼 ◎

材料：

1茶勺海盐，1茶勺黑胡椒粉，200克三文鱼，1汤勺橄榄油，1把菠菜叶，1个番茄（切丁），1杯水

腰果咖喱酱材料：

2汤勺咖喱粉，半个苹果，1汤勺椰子油，1茶勺孜然粉，之前剩的腰果酱

做法：

（1）先用海盐和黑胡椒粉腌制三文鱼 20~40 分钟，时间越长越入味，但为了保证新鲜，也不可太长时间。最好用手给三文鱼做个按摩，会更好地入味儿。

（2）平底锅加入适量橄榄油，两面煎三文鱼，煎到变色即可。（同理可以用鳕鱼或者龙利鱼，但相比三文鱼更难完整翻面），把煎好的鱼取出来待用

（3）将腰果咖喱酱的全部食材用料理机搅拌成泥状。

（4）干净的平底锅倒入做好的腰果咖喱酱和水，再加入菠菜叶和番茄丁，炒至两者变软。

（5）最后倒入煎好的鱼，混合后即可食用。

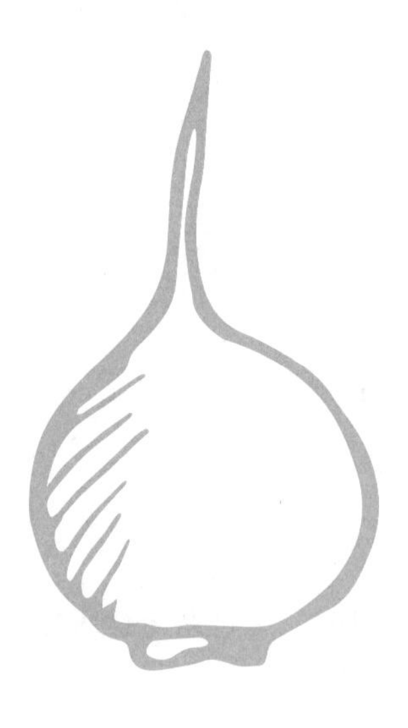

●●●

Day 6

●●●

◎【早午餐】低碳水版班尼迪克蛋 ◎

几乎所有的网红西式餐厅都有这道菜，我也是班尼迪克蛋的忠实爱好者，因为真的好看又好吃。传统的配方中，班尼迪克蛋配的是白面包，我们今天则用一个简易的鱼饼来代替原菜谱中的碳水化合物类主食部分。

材料：

200克鱼肉（只要是无刺的鱼都可以，可以是三文鱼、鳕鱼或者龙利鱼），2个鸡蛋，2汤勺巴旦木粉，半个柠檬的汁，1汤勺橄榄油，1汤勺黄油（或者椰子油），几根芦笋（也可以用菠菜叶代替），香菜碎、葱花、姜末、黑胡椒粉各适量

荷兰酱材料：

1个鸡蛋（可生食的新鲜有机鸡蛋），半个柠檬的汁，60克黄油（融化备用），1茶勺海盐

做法：

（1）鱼肉，配合香菜碎、葱花、1个鸡蛋、巴旦木粉、柠檬汁、姜末、黑

胡椒粉和橄榄油，所有材料放入搅拌机中搅拌，以混合均匀，制成鱼泥。

（2）用手将混合好的鱼泥捏成鱼饼的形状，吃不完的鱼饼可以冷冻保存。

（3）平底锅内放入黄油，两面煎鱼饼至完全熟透。

（4）用平底锅里剩下的油煎芦笋至变软。

（5）调制荷兰酱：最简单的方法是用搅拌机做。取 1 个鸡蛋的蛋黄、1 汤勺饮用水，将柠檬汁、海盐放入搅拌机中搅拌 30 秒，再慢慢将融化的黄油加进去，继续用搅拌机搅拌至黏稠状即可。这个酱汁不能存放太久，当天就得吃完。

（6）煮 1 个溏心蛋：在水中加入白醋，等水沸腾后将火调至中挡位，用勺子搅拌水形成漩涡状，再将打好的完整鸡蛋放入漩涡的中心，煮 4 分钟左右，用漏勺将鸡蛋捞出来。如果想煮多个鸡蛋，重复这个步骤即可。

（7）按照鱼饼、芦笋、溏心蛋、荷兰酱汁的先后顺序摆盘，就可以呈现完美的低碳水化合物班尼迪克蛋啦！

◎【下午加餐】猕猴桃蔬果昔 ◎

材料：

1 个猕猴桃，2 片新鲜薄荷叶，1 个苹果，200 毫升矿泉水，10 片菠菜叶、1 汤勺亚麻籽粉

做法：

将所有食材放入搅拌机中，搅拌 30 秒，即可饮用。

◎【晚餐】番茄生姜浓汤◎

浓汤的饱腹感和温度都非常适合秋冬季食用，堪称减肥的秘密武器。

材料：

1/3个花椰菜，1个红薯（切块），1根胡萝卜（切块），1个番茄，1小块生姜，1茶勺海盐，2茶勺咖喱粉，3瓣蒜的蒜末，1茶勺黑胡椒粉，1汤勺椰子油

做法：

（1）将花椰菜、红薯、胡萝卜、番茄、生姜，全部放入锅中，加水至完全没过蔬菜，开火煮。

（2）在水沸腾后将番茄取出，去皮待用。

（3）煮到蔬菜全部熟透变软后，滤掉一半的水，再放入去皮的番茄。

（4）在锅中加入海盐、咖喱粉、蒜末、黑胡椒粉、椰子油，混合均匀。

（5）最后将锅内的所有食材转移到搅拌机中打30秒，待所有食材搅拌成浓汤质地，即可食用。

●●●

Day 7

●●●

◎【早午餐】鸡肉娃娃菜饭团 ◎

材料：

半个花椰菜（切碎成米粒大小），1汤勺椰子油，3瓣大蒜的蒜末，半个洋葱（切碎），适量姜末，200克鸡肉（切成肉末），少许葱花，2茶勺海盐，1个鸡蛋，几片娃娃菜叶子（也可以用生菜叶代替）

做法：

（1）做一个鸡肉炒花椰菜饭：锅中放入椰子油和蒜末炒热，加入洋葱末、姜末和鸡肉末煎炒，肉熟后再加入花椰菜碎、葱花、海盐，最后用小火煮5~8分钟至花椰菜变软为止。

（2）关火后在鸡肉炒饭中加入鸡蛋，混合均匀。

（3）用娃娃菜或者生菜叶用卷春卷的方法包裹炒饭。

（4）烤箱预热175摄氏度，放入饭团，烤25分钟后拿出来即可。

如果嫌味道太淡的话，可以用芝麻油、香菜、醋、酱油、蒜末做点蘸酱，用饭团蘸着酱汁吃。没有烤箱也可以用蘸酱1 ∶ 1加水稀释后，用平底锅小火慢煎 15 分钟后食用。

◎【下午加餐】黄瓜牛油果蔬果昔◎

材料：

10 片菠菜叶，半根黄瓜，半个柠檬的汁，250 毫升椰子水（也可以用新榨的橙汁代替），半个牛油果

做法：

将所有材料放入搅拌机中，搅拌 30 秒，即可饮用。

◎【晚餐】丸子蔬菜汤◎

材料：

1 根胡萝卜，1 个红薯（或者白萝卜），1 段芹菜，半个洋葱，1 个番茄，4 瓣大蒜，2 茶勺孜然粉，半茶勺黑胡椒粉，半茶勺辣椒粉，适量香菜叶，2 茶勺海盐，1 汤勺橄榄油，100 克牛肉（切成牛肉末，也可以用猪肉、鸡肉等肉类代替），150 克豆腐（弄成豆腐碎），1 个鸡蛋

做法：

（1）所有蔬菜包括大蒜，切丁备用。

（2）在锅中加入孜然粉、黑胡椒粉、辣椒粉、香菜叶、海盐和橄榄油，和蔬菜丁一起炒热再加水，水要没过所有食材，煮成蔬菜汤。

（3）制作肉丸：将牛肉末、洋葱碎、豆腐碎、香菜碎、辣椒粉、鸡蛋、海盐混合成泥，再揉成肉丸形状，待汤煮到蔬菜变软后，加入丸子煮至肉丸全熟为止。

●●●

Day 8

●●●

◎【早午餐】风味牛油果鸡蛋松饼◎

材料：

3个鸡蛋，50毫升淡奶油，100克巴旦木粉，1小茶勺海盐，1小茶勺黑胡椒粉，1小茶勺泡打粉，1个牛油果（切丁），豆苗菜、黑醋、橄榄油各适量

做法：

（1）将鸡蛋、淡奶油混合巴旦木粉和海盐、黑胡椒粉以及泡打粉，做成鸡蛋面糊。

（2）平底锅放橄榄油，挖1汤勺鸡蛋面糊倒入锅内，煎成形后翻面继续煎。

（3）最后在鸡蛋松饼上直接铺牛油果丁、海盐、豆苗菜、适量橄榄油以及黑醋，即可完成。

◎【晚餐】菠菜番茄鸡蛋饼◎

材料：

1小块黄油，2瓣大蒜的蒜末，1/3个洋葱（切碎），5个小番茄（或者1个大番茄），适量菠菜叶，2个鸡蛋，2茶勺海盐，1茶勺黑胡椒粉

做法：

（1）锅里加入黄油块，待黄油融化后，往锅里放入蒜末和洋葱煎炒，至微软后加入小番茄。

（2）再加入菠菜叶和鸡蛋、海盐，盖上盖子小火煨至鸡蛋 8 分熟，加上黑胡椒粉即可。如果担心表面不熟，可以在底部熟透后翻面再煎，直到两面都熟透为止。

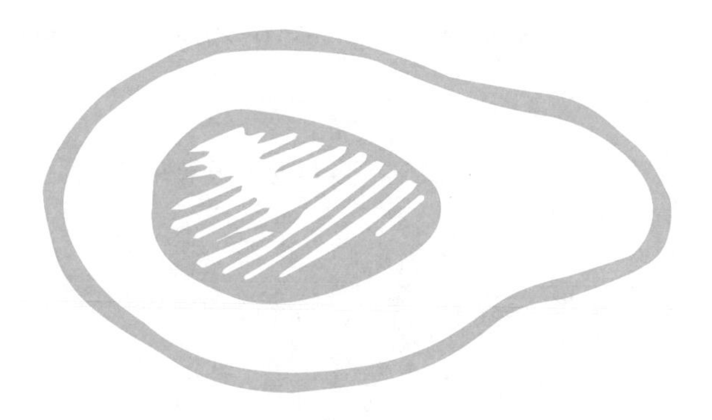

●●●

Day 9

●●●

◎【早午餐】玉米藜麦大虾◎

材料：

100 克藜麦，50 克玉米粒，10 个虾仁，半个柠檬的汁，1 汤勺椰子油，3 汤勺橄榄油，2 茶勺海盐，适量香菜末，1 茶勺黑胡椒粉，3 瓣大蒜的蒜泥

做法：

（1）煮藜麦：1 倍藜麦 +2 倍水，再加适量的海盐，中火煮 15 分钟（中间翻一下以免糊底），再焖 10 分钟（帮助藜麦发芽），最后拌入椰子油混合。

（2）炒玉米虾仁：锅里加 1 汤勺橄榄油和蒜泥，再加入玉米粒和虾仁炒至虾仁熟为止，最后加入适量海盐和黑胡椒粉。

（3）混合藜麦和玉米虾仁。

（4）制作酱汁：将 1 汤勺柠檬汁、2 汤勺橄榄油、适量海盐、香菜末、黑胡椒粉混合均匀。

（5）把酱汁浇到混合藜麦和玉米虾仁上，即可食用。

◎【下午加餐】草莓蓝莓蔬果昔◎

材料:

5~8 个草莓，100 克蓝莓，6 片菠菜叶（或羽衣甘蓝菜叶），200 毫升无糖酸奶（或者椰子汁、矿泉水），5 个坚果（腰果、核桃也可以）

做法:

将所有材料放入搅拌机中，搅拌 1 分钟，即可饮用。

◎【晚餐】法式黄油香煎龙利鱼配蒜香西蓝花◎

西蓝花和花椰菜是低碳水饮食中的主角，对于戒不掉主食的人来说，多准备一些西蓝花或者花椰菜在家里，通过不同的制作方法来制作料理，是非常减脂和健康的饮食方式。

材料:

半个西蓝花，2 汤勺橄榄油，3 瓣蒜的蒜末，2 茶勺海盐，200 克龙利鱼，100 克椰子粉（或巴旦木粉），2 汤勺融化的黄油，半个柠檬的汁，1 个鸡蛋，欧芹碎、酸豇豆、花椒粉各适量

做法:

清炒西蓝花

（1）西蓝花放在沸水中煮 5 分钟捞出。

（2）放入橄榄油，将蒜末（吃辣的话可以放一点辣椒）炒香。

（3）加入西蓝花翻炒。

（4）最后加入海盐调味即可。

煎龙利鱼

（1）龙利鱼洗干净后用厨房纸收干水分。

（2）加入海盐和花椒粉调味。

（3）先包裹鸡蛋液，再包裹椰子粉或巴旦木粉（用来替代面粉，没有的话直接裹鸡蛋液也可以）。

（4）平底锅里面放入橄榄油，油烧热后，用小火慢慢煎，一面煎熟之后翻面继续煎。两面金黄即可盛出。

香柠黄油酱汁

（1）黄油放入锅中融化。

（2）加入欧芹碎（没有的话可以用葱花）。

（3）加入少许酸豇豆继续熬。

（4）加入海盐和柠檬汁。

（5）将调制好的酱汁淋在煎好的鱼上，即可享用。

●●●

Day 10

●●●

◎【早午餐】卷心菜豆腐碗◎

材料：

1/3个卷心菜，2汤勺橄榄油，1段葱，2茶勺海盐，150克豆腐，1/3个西蓝花，100克鸡胸肉，30克芝麻酱（或者花生酱），1茶勺黑醋，60克无糖椰奶（或者巴旦木奶、腰果奶，都没有的话就加水），2汤勺酱油，1茶勺黑胡椒粉

做法：

（1）卷心菜切碎或者搅碎。

（2）锅中倒入橄榄油烧热，爆香葱段，放入卷心菜碎炒熟，加海盐调味。

（3）豆腐切块，用油煎至两面金黄后混合1汤勺酱油烧5分钟。

（4）西蓝花用沸水煮10分钟后待用。

（5）加入鸡胸肉（或者牛肉、鱼肉，任选一种肉类作为蛋白质的主要来源），两面煎至微黄即可。将煎鸡胸肉和做好的蔬菜放入一个碗中搅拌均匀。

（6）制作豆腐碗酱汁：15毫升酱油+30克芝麻酱+5毫升黑醋（或米醋）+60克无糖椰奶，最后加入少许海盐和黑胡椒粉。

（7）将酱料淋在豆腐蔬菜碗里，就可以吃了。

◎【下午加餐】猕猴桃蔬果昔◎

材料：

10片菠菜叶，1个猕猴桃，1个橙子，150毫升水，少许肉桂粉

做法：

将所有材料放入搅拌机中，搅拌1分钟，即可食用。

◎【晚餐 】牛油果沙拉配烤鸡◎

材料：

2块去骨去皮鸡肉，2瓣大蒜的蒜末，1茶勺孜然粉，1个柠檬的汁，1茶勺黑胡椒粉，2汤勺酱油，1个牛油果，1个番茄，1/4个洋葱，香菜末、辣椒粉和海盐各适量

做法：

煎鸡胸肉

（1）去骨去皮鸡+适量蒜末+适量香菜末+孜然粉+半个柠檬的汁+辣椒粉（不喜欢吃辣的话可以不加）+黑胡椒粉+酱油，所有食材放在食物保鲜袋里腌制至少10个小时。

（2）锅里放橄榄油，小火慢煎鸡胸肉，腌制出来的汁液全部倒入锅中，用平铲压鸡肉，确保两面全熟透（如果有烤箱建议用烤箱烤鸡肉）。

制作牛油果沙拉

1个牛油果切丁，1个番茄切丁，1/4个洋葱切丁，搅拌均匀再加入半个柠檬的汁、香菜末、适量海盐和黑胡椒粉混合即可。将做好的牛油果沙拉铺在煎好的鸡胸肉上，就做好了。

●●●

Day 11

●●●

◎【早午餐】西芹南瓜炒百合◎

材料：

100克西芹，200克南瓜，1个鲜百合，海盐、黑胡椒粉各适量

做法：

（1）西芹洗净削皮，去掉老筋后切段。

（2）南瓜去皮去瓤，切薄片。

（3）百合洗净掰开，焯水后备用。

（4）锅内烧开水，放入南瓜焯水，水开后捞出，将焯好的南瓜控干水分。

（5）锅内放油，放入西芹翻炒，炒至断生后加入南瓜一起翻炒。

（6）南瓜、西芹炒熟时放入百合，加入适量海盐和黑胡椒粉调味，翻炒均匀后出锅。

◎【晚餐】茄子千层面◎

这道菜我常常做，用茄子替代千层面原本碳水化合物含量高的面皮，好吃又不担心长胖。唯一的缺点是，这道菜做起来会花费点儿工夫，但做完后可以

全家人一起吃或者分好几顿吃掉，剩下的放进冰箱冷冻，需要吃的时候用烤箱或者微波炉加热即可。

材料：

1 个茄子，3 个番茄（去不去皮随意），3 瓣大蒜的蒜末，2 汤勺橄榄油，适量海盐，1 汤勺陈醋（或者柠檬汁），100 克奶酪，2 汤勺融化的黄油

做法：

煎茄子

（1）茄子切片后，用海盐腌至出水（事先放盐腌制可以节省一些油）。

（2）用厨房用纸吸干多余的水分后，在锅内放入橄榄油，油热后再放入蒜末和茄子，茄子煎至两面金黄色即可。

番茄酱汁制作：

在平底锅里加入少许水，放入番茄、大蒜、橄榄油和海盐，慢慢熬制番茄，直到全部软掉收汁即可。如果番茄不够酸，可以加一点陈醋（如果你喜欢特别的香料风味，可以在熬制的过程中加入一小段百里香或者新鲜的罗勒碎）。

低碳水化合物白酱的制作：

（1）奶酪碎加黄油和一小碗水，慢慢煮至浓稠状即可关火。

（2）一层煎茄子、一层番茄酱，最后淋上白色的酱汁，烤箱预热 175 摄氏度，烤 15 分钟即可食用。

传统千层面的白酱是用面粉、黄油、牛奶做成的，但要进行低碳水饮食就不能用了。这款低碳水化合物白酱就是纯奶酪熬制的——奶酪品种不限，意大利乳清干酪、帕玛森乳酪、马苏里拉奶酪都行。

没有烤箱的话，这道菜恐怕没办法完成。但是你可以改成茄子炒番茄，味道也是差不多的。

Day 12

◎【早午餐】麻酱拌西葫芦瓜面配煮蛋◎

瓜面是一道可以让你轻松玩转的低碳水化合物料理。葫芦瓜面是味道非常贴近面条的食材，但碳水化合物含量极低，适合糖尿病患者、减重人士。

材料：

1个西葫芦，2汤勺酱油，1汤勺芝麻油，半汤勺醋，2瓣大蒜的蒜末，1汤勺花生酱，1个鸡蛋，熟芝麻、葱花各适量

做法：

（1）西葫芦去皮，可以用专门的刨瓜面的机器或者用普通的刨刀就能做出面条的形状。

（2）西葫芦做的面条放入烧开的水中，最多煮5分钟后，控水沥干即可。

（3）制作麻酱：把酱油、芝麻油、醋、蒜末、花生酱（也可以加花生碎或者巴旦木碎）混合均匀即可。

（4）微微煮过的瓜面完全地滤掉水分，拌入做好的麻酱混合均匀，再撒上熟芝麻、葱花装盘。

（5）最后煎1个鸡蛋，放在瓜面上方即可。

◎【下午加餐】牛油果芹菜蔬果昔◎

材料：

8片菠菜叶，半个牛油果，半个柠檬的汁，1小块生姜，1根芹菜，1汤匀椰子油，150毫升水

做法：

将所有材料放入搅拌机中，搅拌1分钟，即可食用。

◎【晚餐】蔬菜炖鱼汤◎

材料：

1条你爱吃的鱼，1个番茄，1个洋葱，2汤勺椰子油，一些你喜欢的绿叶菜，1汤勺芝麻油，1茶勺黑胡椒粉，1小块生姜，1汤勺料酒，2茶勺海盐

做法：

（1）把鱼清洗干净，用生姜、料酒、海盐腌30分钟。

（2）番茄切丁，洋葱切丝待用。

（3）锅里放入适量椰子油（或者橄榄油），加入番茄和洋葱炒出汁后，再倒入水，煮沸。

（4）锅里倒入腌好的鱼，煮10分钟左右，再加入绿叶菜继续煮。

（5）汤里加入海盐、芝麻油和黑胡椒粉，这道菜就完成了。

●●●

Day 13

●●●

◎【早午餐】生菜汉堡包◎

材料：

100克牛肉，半个洋葱（切末），1茶勺黑胡椒粉，1个鸡蛋，生菜叶，奶酪片、黄油、海盐各适量

酱汁的选择：你可以用无糖番茄酱（也可以自己制作，前面有介绍），蛋黄芥末酱（进口超市都有，几乎都是无糖的配方，但非常辣，建议用的时候混合橄榄油和柠檬汁），蛋黄酱（注意是否加糖，当然，你也可以用之前菜谱中的酱汁）

中间加入的食材：番茄片、牛油果片、洋葱丝、奶酪片各适量（奶酪片可以在煎牛肉饼的最后一分钟放入，让奶酪融化一下）

做法：

（1）把牛肉搅成牛肉泥。

（2）在牛肉泥里放入洋葱末、黑胡椒粉、海盐，再打入1个鸡蛋帮助成形。

（3）平底锅里面放入黄油，两面煎牛肉饼即可。

（4）用沥干水分的生菜叶包裹肉饼和中间加入的食材，就制作完成了。

◎【下午加餐】自制巧克力配坚果◎

材料：

150克椰子油，4汤勺可可粉，10个核桃，1茶勺肉桂粉

做法：

将所有材料混合后，放入冰箱冷冻，拿出来就可以吃了。

这是一道低碳水化合物、高脂肪的美味点心，但减肥期间，一天只能吃一小块，过过瘾就够啦！

◎【晚餐】西蓝花炖牛肉◎

材料：

250克牛肉，2汤勺蚝油，1汤勺芝麻油，100克西蓝花，50克蘑菇，2茶勺海盐，姜末、蒜末、葱花、辣椒粉（不吃辣的话可以不放）各适量

做法：

（1）腌制牛肉：牛肉切条，混合适量姜末、蒜末，加入蚝油、芝麻油、辣椒粉（吃辣的话）腌制1个小时。

（2）锅里放油，放入腌好的牛肉和牛油汁，炒至变色后放入200克切好的西蓝花块和蘑菇片，继续翻炒。

（3）加入适量水，熬制30分钟，最后加入适量的海盐和葱花即可出锅。

Day 14

◎【早午餐】咖喱味花椰菜饭◎

材料：

1/3 个花椰菜，1/3 个洋葱，2 瓣大蒜，半根西芹，1 汤勺黄油，1 个鸡蛋，2 茶勺海盐，1 汤勺料酒，1 汤勺孜然粉，1 茶勺咖喱粉，适量酱油

做法：

（1）花椰菜切碎（碎到米粒大小，切工不好也可以借助搅拌机），洋葱切碎，大蒜切碎，西芹切碎。

（2）锅里放黄油、蒜末和洋葱碎，炒 3 分钟左右。

（3）加入 1 个鸡蛋，炒碎。

（4）将花椰菜和西芹倒入锅中，再加黄油，炒 5 分钟（可以加一点点水或高汤），喜欢吃肉的朋友也可以加入一些牛肉碎或者鸡肉碎来炒。

（5）在炒饭中加入海盐、酱油、料酒、孜然粉、咖喱粉调味即可。

◎【下午加餐】花生酱奶昔◎

材料：

30克花生酱，300毫升植物奶（或者无糖巴旦木奶、椰奶、豆奶或者核桃奶），1茶勺肉桂粉

做法：

将所有材料放入搅拌机中，搅拌1分钟，即可食用。

◎【晚餐】生酮比萨◎

材料：

350克马苏里拉奶酪（200克用于做比萨的面饼，150克用于比萨最上层的拉丝），50克淡奶油，1个鸡蛋，150克巴旦木粉（用于替代面粉），蔬菜（用于装饰在比萨上，也可以放入酱汁中一起熬制），100克自制番茄酱（也可以是罗勒酱、蘑菇酱等）

做法：

（1）比萨饼皮的制作：

平底锅小火，放入淡奶油、200克的马苏里拉奶酪、150克巴旦木粉，待奶酪差不多融化后，关火，再加入1个鸡蛋。搅拌这些食材至呈半湿的面团状（太湿就增加巴旦木粉，太干则多加一些淡奶油）。

把“面团”倒在烤箱纸上，带上一次性手套用手将面团平铺成面皮（我也试过很多铺面皮的方法，这个方法浪费的面团最少且铺得最均匀）。

烤箱预热180摄氏度，放入铺好的面皮，烤15分钟左右。一定要观察面皮的颜色变化，差不多呈均匀金黄色的时候，便可以拿出来。

（2）比萨酱汁的制作：

番茄酱是比萨最常用酱汁，而市面上的番茄酱一定放糖，所以生酮比萨的番茄酱必须自制。如果想增加风味，也可以加入罗勒、牛至或者百里香调味。喜欢吃蔬菜的话，也可以切成蔬菜碎放进去一起熬或者待会儿平铺在比萨上。

（3）确保比萨底已经烤好且酱汁熬得足够浓稠（否则酱汁浇上去后底部会破），将酱汁平铺在比萨上。喜欢其他蔬菜，这时候就可以把蔬菜切成薄片，平铺在比萨上（比如茄子片、番茄片、菌菇片、菠菜叶等）。再放入烤箱，继续烤 5~10 分钟。

（4）将剩余的马苏里拉奶酪全部铺在比萨上（当然，你也可以放上你喜欢的奶酪），再烤 3~5 分钟至奶酪融化即可。

●●●

Day 15

●●●

◎【早午餐】烤三文鱼配小番茄沙拉 ◎

材料：

200 克三文鱼，2 汤勺橄榄油，2 茶勺海盐，半个柠檬的汁，3 瓣大蒜的蒜末，1 茶勺小茴香，10 个小番茄，香菜、辣椒粉和生菜叶各适量

做法：

（1）先将三文鱼和橄榄油、海盐、柠檬汁、蒜末、辣椒粉、小茴香、香菜一起腌制 15 分钟。烤箱预热 200 摄氏度，正反面分别烤 8 分钟后拿出。

（2）沙拉制作：小番茄对半切，用橄榄油、海盐、柠檬汁、香菜混合搅拌均匀（还可以加入其他你喜欢的蔬菜）。

（3）装盘时，先放生菜叶、再放烤三文鱼，最后放拌好的番茄沙拉。

◎【下午加餐】花生酱饼干 ◎

材料：

30 克可可粉，180 克椰子片或者椰蓉，50 克巴旦木粉，75 克花生酱，45 克融化的黄油

做法：

将所有材料混合后，压成饼干的样子，冷冻成型后即可食用。

◎【晚餐】芦笋西葫芦炒虾◎

材料：

2根西葫芦，1个灯笼椒，100克芦笋，100克虾，3瓣大蒜，半个洋葱，2茶勺海盐，1茶勺黑胡椒粉，牛至叶、百里香、葱花和黄油各适量

做法：

在锅里放入黄油，融化后，所有食材切丁后和调料混合，炒5分钟后，加少许水，煮5~8分钟，收汁后即可出锅。

●●●

Day 16

●●●

◎【早午餐】西蓝花奶酪鸡蛋饼◎

材料：

1 个西蓝花，2 个鸡蛋，150 克帕玛森奶酪，50 克任意品种的奶酪粉，45 克巴旦木粉，2 瓣大蒜的蒜末，1 茶勺海盐，半茶勺胡椒粉，1 汤勺黄油

做法：

（1）西蓝花煮或者蒸熟，然后切成非常小的块状。

（2）将切碎的西蓝花放在一个大碗里面，加入除黄油外的其他材料，充分混合均匀成泥状。

（3）平底锅放黄油融化，加入一汤勺混合物，压成饼状，两面煎至成形即可（如果一个大饼很难翻面煎，可以做成几个面积小一点的饼）。

◎【下午加餐】蓝莓低碳果昔◎

材料：

100 克蓝莓，2 汤勺花生酱，250 毫升坚果奶（或无糖巴旦木奶、椰奶和豆奶）

做法：

将所有材料放入搅拌机中，搅拌 1 分钟，即可食用。

◎【晚餐】咖喱大虾◎

材料：

200克虾（新鲜的或者冷冻的都可以），半个柠檬的汁，2个番茄（切丁）、半个洋葱（切丁），20毫升椰子油，姜黄粉、咖喱粉、椰浆、菠菜、海盐、黑胡椒粉、蒜末、芝麻油、辣椒粉、姜末、红甜椒（切丁）各适量

做法：

（1）腌虾：虾去壳、去虾线。用柠檬汁、海盐、黑胡椒粉、蒜末、芝麻油、辣椒粉（不喜欢可以不加）腌制30分钟。

（2）在锅里倒入20毫升椰子油，加入蒜末、姜末、红甜椒丁、番茄丁、洋葱丁，炒软后加1碗水煮5分钟。

（3）继续加入1茶勺姜黄粉、1汤勺咖喱粉、海盐、1罐椰浆（超市能买到无糖椰浆）煮10分钟。

（4）加入菠菜和腌制好（连同汁液一起）的虾肉，煮到虾肉熟后即可。

●●●

Day 17

●●●

◎【早午餐】牛油果大虾沙拉◎

蒜香菠菜酱汁材料：

1杯菠菜，半杯芹菜叶，1茶勺海盐（根据你的口味调节），半杯巴旦木（生熟都可以，也可以用腰果代替），1瓣大蒜，半杯橄榄油，1个柠檬的汁，2勺奶酪粉（可以增加奶香味，不加也可以）

沙拉材料：

150克大虾，50克菠菜叶（正好装满1量杯），100克小番茄，1个牛油果（切成丁），50克任意坚果（可以是巴旦木、核桃或者夏威夷果），1汤勺橄榄油，海盐、黑胡椒粉各适量

做法：

（1）将蒜香菠菜酱汁的所有材料，用搅拌机搅拌均匀即可。这款酱汁冷藏可以保存3天。

（2）平底锅放入橄榄油，加入去壳去虾线的大虾，煎至虾肉全熟后，撒上适量海盐和黑胡椒粉。

（3）1 杯菠菜 +100 克小番茄 +1 个牛油果丁 + 煎好的大虾 +50 克坚果混合，淋上新鲜的蒜香菠菜酱汁，就是一盘美味和颜值兼具的牛油果大虾沙拉！

◎【下午加餐】坚果球◎

材料：

300 克原味坚果（可以是巴旦木、核桃、南瓜子、葵花籽、芝麻等），1 汤勺可可粉，2 勺椰子油，1 汤勺花生酱

做法：

（1）坚果放入搅拌机打碎，加入可可粉、椰子油和花生酱，混合均匀后用手捏成圆球状。

（2）放入冰箱，冷冻成形即可食用。

◎【晚餐】香菇牛骨汤◎

材料：

250 克牛骨头，8 朵干香菇，150 克冬瓜（或者白萝卜），1 小段大葱，1 小块生姜，3 瓣大蒜，3 个八角，2 茶勺海盐，黑胡椒粉和葱花适量

做法：

（1）先将牛骨头放进冷水中煮沸，去掉血水。

（2）干香菇提前泡水一晚上，冬瓜切块备用。

（3）在焯过水的牛骨头里加入 3~4 碗水、大葱、生姜、大蒜、八角，再用高压锅煮 30~40 分钟。

（4）放入海盐、黑胡椒粉、香菇和冬瓜，高压锅再煮 10 分钟即可。吃的时候，

可以加入葱花和芝麻油提香。

其实，不管是牛骨汤、猪骨汤还是羊肉汤，只要你不放主食，这都是一道碳水化合物含量很低的料理。

Day 18

●●●

◎【早午餐】咸南瓜浓汤◎

材料：

150克南瓜，50克胡萝卜，1根芹菜，2瓣大蒜，1汤勺黄油，60克淡奶油，海盐、黑胡椒粉各适量

做法：

（1）蔬菜切丁后放入3碗沸水中煮至变软，在水中加黄油、淡奶油以及适量海盐和黑胡椒粉。

（2）用搅拌机将所有食材搅成泥状，即可食用啦！

需要注意的是，煮完蔬菜的汤水和菜的比例最好是1 ∶ 1，如果水分很多，建议倒掉一些水后再用搅拌机搅拌成泥，否则无法做出浓汤的浓郁质感。

◎【下午加餐】奶油莓子◎

牛奶是高乳糖食物，但是膏状的淡奶油是几乎不含乳糖的低碳水化合物食物，如果家里有搅拌机，用低挡位搅拌就能打好（千万别打过了）。只要你不

额外加糖，这就是无糖“甜品”。

打发的奶油 + 你喜欢的新鲜莓类水果（蓝莓、草莓、蔓越莓等）+ 肉桂粉，就是你今天的加餐啦！

◎【晚餐】奶酪鸡排◎

奶酪炸鸡排是不能吃的，淀粉实在太多！但奶酪烤鸡排可以吃啊，买不到就自己做吧！

材料：

1 块鸡胸肉，橄榄油、辣椒粉、淡奶油、帕玛森干酪碎、菠菜、蒜末、海盐各适量

做法：

（1）鸡胸肉从侧面开口，确保不要切断。

（2）用橄榄油混合蒜末、辣椒粉、海盐，混合均匀后抹在鸡胸肉上用来调味。

（3）加入淡奶油、帕玛森干酪碎、菠菜、蒜末、海盐混合均匀（没有淡奶油，也可以用黄油代替），再塞入鸡肉中。

（4）烤盘预热 200 摄氏度，烤 25 分钟即可食用。

Day 19

●●●

◎【早午餐】水煮蛋三明治◎

材料：

4个鸡蛋，4片生菜叶，4片奶酪，4片肉（可以是烟熏三文鱼、鸡胸肉或者火腿肉），之前学习过的酱汁

做法：

（1）将4个鸡蛋用中火煮10分钟，确保全熟。

（2）冲凉水后鸡蛋去壳，再对半切开。

（3）在鸡蛋中间加入1片奶酪、1片生菜叶和1片肉，挤上一些之前学习过的酱汁，再将鸡蛋合起来即可食用。

◎【下午加餐】万圣节蔬果昔◎

暖暖的香料比热的饮品更舒服更暖胃。比如今天要介绍的这款香料配方——南瓜派香料。我第一次接触这款香料，是一个朋友从美国回来后教我的，她说有一个配方可以让所有食物吃起来像烤南瓜的味道，吃什么都跟过万圣节一样。于是，我学会了调制这款南瓜味道的香料。我当时用搅拌机做了一款自制花生酱，加了这款香料后，简直太美味了，有一种万圣节吃南瓜

派的既视感。后来看了很多国外的美食博主都用这款香料做果昔、奶昔、咖啡、蔬果昔等。

南瓜香料材料：

90 克肉桂粉，20 克肉豆蔻粉，20 克生姜粉，15 克丁香粉，15 克五香粉

蔬果昔材料：

10 片菠菜叶，250 毫升巴旦木奶，1 茶勺南瓜香料，1 段芹菜

做法：

（1）把南瓜香料的材料混合，即制成万能的南瓜香料。

（2）再用菠菜叶、巴旦木奶、芹菜，加南瓜香料，用搅拌机打 30 秒，即可成蔬果昔（配方不难，但南瓜香料有点难调，没有的话可以用生姜 + 肉桂代替也行）。多余的南瓜香料可以保存起来，等制作其他料理时使用。

◎【晚餐】豆腐丸子搭配花椰菜饭 ◎

花椰菜饭的做法之前已经学过了，这里就省略教学步骤。今天就用花椰菜饭搭配一个自制的豆腐丸子，做一道饱腹又美味的晚餐料理。

材料：

1 碗花椰菜饭，半块老豆腐，1 个鸡蛋，1 茶勺芝麻油，1 茶勺海盐，1 茶勺巴旦木粉，1 根胡萝卜（切丝），葱花、姜末、蒜末各适量

做法：

（1）半块老豆腐放沸水中煮 5 分钟，煮好的豆腐混合葱花、姜末、蒜末、鸡蛋、海盐、芝麻油、巴旦木粉、胡萝卜丝，用搅拌机打成肉泥状。

（2）用手捏成肉丸大小，在放入黄油的平底锅里煎到焦黄为止。取出豆腐丸子待用。

（3）将豆腐丸子加入做好的花椰菜饭中，即可食用。

●●●

Day 20

●●●

◎【早午餐】鸡丝罗勒瓜面◎

材料：

150 克鸡胸肉，2 茶勺海盐，1 个西葫芦

罗勒酱汁材料：

75 克橄榄油，1/4 杯水，2 汤勺葡萄醋（或者米醋、苹果醋、陈醋，也可以用柠檬汁替代），1 茶勺海盐，1 瓣大蒜，适量黑胡椒粉，1/3 杯新鲜罗勒叶（也可以用干罗勒碎或者用香菜叶甚至是香葱碎替代）

做法：

（1）将所有制作罗勒酱汁的材料，用搅拌机混合，打 30 秒即可制成万能的罗勒酱汁。冷藏可存放 2 周。

（2）将鸡胸肉放在加了海盐的沸水中煮至全熟，捞出来后用手撕成鸡丝状待用。

（3）将西葫芦用刨刀刨成面条状，拌入新鲜的罗勒酱汁和手撕鸡丝，即可食用。

◎【下午加餐】低碳水南瓜饼干◎

材料：

50 克黄油，100 克蒸熟的南瓜泥，1 个鸡蛋，600 克巴旦木粉，2 茶勺肉桂粉，1 茶勺肉豆蔻粉（或者之前我们做的南瓜香料粉也可以），1 小茶勺海盐，1 茶勺泡打粉

做法：

（1）一个大碗里面放入融化的黄油。

（2）再加入蒸熟的南瓜泥和 1 个鸡蛋，搅拌均匀。

（3）加入巴旦木粉，继续搅拌。

（4）加入肉桂粉、肉豆蔻粉（或直接加入 3 茶勺南瓜香料粉）、海盐和泡打粉，搅拌均匀，直到形成不稀不干的曲奇面团为止。

（5）烤箱 175 摄氏度预热后，烤箱纸上放一个个大小差不多的团子，压成饼状。

（6）烤 20 分钟后取出放凉即可食用。吃不完的话，放在干燥阴凉处存储，可以放 2 周左右。

◎【晚餐】什锦鸡肉烤盘◎

只要有烤箱，很多时令蔬菜都可以配合肉类一起烤，只要装好盘调好味道，定好烤箱的温度和时间，你就可以去忙其他事情了。所以用烤箱做饭确实是省时省力的烹饪方式。

材料：

200 克鸡胸肉，1 个番茄，1 个西葫芦，1 个柠檬，半个洋葱，3 汤勺橄榄油，

20 克罗勒碎，2 茶勺海盐，适量黑胡椒粉，半个柠檬的汁，50 克奶酪碎

做法：

（1）鸡胸肉切成 3 块，每块开 5 道口子，但不要切断。

（2）番茄、西葫芦、柠檬切片，洋葱切成半月状。

（3）用 1 个碗混合橄榄油、罗勒碎、适量海盐、黑胡椒粉、柠檬汁。

（4）将切好的蔬菜和柠檬皮塞进鸡胸肉的空隙中，然后淋上橄榄油汁。

（5）在上面撒上你喜欢的奶酪碎，烤箱预热 200 摄氏度，所有食材放进烤箱烤 25 分钟。如果吃的时候感觉味道太淡了，可以额外撒上海盐。

Day 21

◎【早午餐】烟熏三文鱼配南瓜吐司 ◎

材料：

100 克之前做南瓜饼干的面团，1 汤勺融化的黄油，20 克菠菜，海盐、蒜末各适量

做法：

（1）用黄油、菠菜、海盐和蒜末炒一个黄油菠菜（或者再点缀一些成品的烟熏三文鱼）。

（2）将之前做南瓜饼干的面团揉成吐司的形状，用制作南瓜饼干的方法制成吐司。

（3）将第 1 步的浇头放在第 2 步的吐司上，南瓜吐司就做好啦！

◎【下午加餐】椰香蔬果昔 ◎

材料：

250 毫升无糖椰奶，半个柠檬的汁，少许柠檬片，10 片菠菜叶，适量姜末

做法：

（1）将除柠檬片以外的所有材料用搅拌机打成果昔。

（2）无糖椰奶需要用新鲜的椰青水 + 椰子肉搅拌（或者椰浆也行，当然用其他植物奶替代也行，比如巴旦木奶、腰果奶等）。

（3）最后用一些姜末和柠檬片点缀。

◎【晚餐】低碳“面包屑”炸鱼配沙拉◎

炸鱼很好吃，而且鱼块也是低碳水化合物食物，但炸鱼必用的面包糠会增加碳水化合物含量，所以我们可以用其他干燥的粉状食材来取代面包糠。

材料：

2个鸡蛋，100克低碳“面包糠”（干粉），150克鱼块，1汤勺椰子油（或者黄油），30克蛋黄酱（或者自制的番茄酱），100克时令沙拉，60克油醋汁

低碳水“面包糠”材料：

15克干奶酪，30克亚麻籽粉，30克巴旦木粉，1茶勺胡椒粉，1茶勺海盐，1茶勺洋葱粉，1茶勺大蒜粉，适量辣椒粉

油醋汁材料：

2汤勺黑醋，2汤勺橄榄油，1茶勺海盐

做法：

（1）准备2个鸡蛋的蛋液，将鱼块先放入蛋液中浸透，之后裹上“面包糠”放入蛋液中，再裹上干粉。重复两次可以让脆脆的口感更佳厚实。

（2）用椰子油或者黄油来炸鱼或者煎鱼，做出来的鱼更香。

（3）蘸酱部分：可以直接买超市的蛋黄酱，或者用自制的番茄酱。

（4）沙拉部分：建议用时令沙拉菜搭配油醋汁。

◎【福利菜】简易泡菜 ◎

在我的推荐之下，很多人吃了这款泡菜都觉得很赞。制作方法不难，只需要腌制 24 小时就可以食用。不过，开封后一定要放进冰箱冷藏，保质期为 2 周。储存的时间越久，发酵程度越高。

材料：

消毒烘干的玻璃瓶，2 根胡萝卜，2 根白萝卜，2 根黄瓜，1 小块生姜（切片），1 个苹果（切条）

酱汁材料：

100 毫升白醋，150 毫升矿泉水，30 克海盐，1 茶勺黑胡椒粉，少量辣椒粉，花椒若干

做法：

（1）将材料里的蔬菜切成条状备用。

（2）用消毒晾干的玻璃瓶竖着装入蔬果条，然后将调好的酱汁倒入瓶中，确保所有蔬果完全被酱汁浸泡。

（3）密封常温保存 24 小时后，就可以食用了。切记，当泡菜里长出白绒绒的菌点，泡菜就不能吃了。

为了避免变质，一定要放入冰箱储存。这一周中的任何饭点时间，都可以取出一些来配合餐点食用，帮助你调理肠道，补充益生菌。

另外，如果你不喜欢吃太酸的食物，就可以降低醋的比例，增加水的比例。辣椒的比例，也是根据自己吃辣的程度调节。

附录

实战问答

减糖低碳水饮食期间身体会否有不适感？

任何饮食的调整都会有不适应症，吃素的改吃肉，吃肉的改吃素，都需要身体来配合你做调整，而身体则需要时间来适应和调整，所以不用太担心。如果你已经是第二次甚至第三次执行这套饮食规则，你就会发现，对比第一次执行，你会比上一次的不适感小很多，甚至会转变成更多的舒适感。这就是你的身体在逐渐地适应低碳水饮食的变化。

所以，你需要时间，让自己的身体慢慢适应，要对自己的身体有耐心。

为什么减糖期间会遭遇减重瓶颈期？

在减糖期间，我们很容易遭遇减重瓶颈期。如果你的减重效果不理想，可以检查以下几个方面的原因。

第一，你的体重是否偏低？体重下降是大多数瘦身者的诉求，但如果你的体重本身就偏低，若要继续减重，难度必定不小，进度也会比较缓慢。

第二，你是否严格遵循减糖挑战中的食物黑白名单？什么东西能吃，什么不能吃，非常关键，否则一旦破功，就会前功尽弃。

第三，你是否遵循了 16 ∶ 8 间歇性饮食，坚持只在每天固定的 8 小时内进食？

第四，减糖期间你的运动量跟上了吗？运动和饮食结合，才能取得不错的减重效果。

第五，每天 2 升的喝水量你达到了吗？

第六，你是否处于经期或者快要开始经期？如果你正处于经期或者接近经期，体重值的变化也会变缓甚至上升，因为女性经期水肿是很常见的，所以经期开始前或者进行中，就请忽略体重和体形的变化吧。

其实，健康的减重方法最终都是双向调节的，也就是不管你是体重过低还是过高，都会逐渐趋于一个正常值。至于能否做到看起来瘦且健康，就得通过运动、合理膳食来紧致身材和消除水肿，而这些变化就跟体重的关系并不大。所以，除了关注体重秤上的数字是否有下降之外，你更需要关注的是体形上的变化：小腹是否变平坦？身材是否变紧致？肌肉的线条是否更明显？

为什么减糖期间会出现经期紊乱的现象？

在减糖期间，你还有可能面临经期紊乱的问题。从减糖人群的反馈来看，有 20%~30% 的女性在减糖阶段会改变经期规律。毕竟，大量减少了碳水化合物类的主食，身体会将营养物质优先供应给更重要的器官如心脏、肺等，大脑一时间不太适应饮食的改变，体内的黄体生成素、卵巢分泌的雌激素可能会减少，使得你的“大姨妈”暂时性离家出走。

然而，这并不意味着女性不适合低碳水饮食。当你的身体适应了低碳水饮食，同时仍然保留了优质脂肪的摄入时，身体会慢慢调节好激素水平，使月经变得正常。

所以，经期改变只是暂时性问题，不用太过担心。另外，有一些本来经期不稳定和痛经的女生，由于降低了糖摄入，激素水平反而变得稳定，经期综合征也得到了明显缓解。

减糖期间如何避免暴饮暴食？

在减糖期间，你很有可能面临偷食和暴饮暴食的问题。毕竟，饮食挑战不仅仅是一场身体的战役，更是心理的博弈。偷食不仅会影响减肥的效果，还可能会诱发报复性饮食。

除了增强自控力，克制住对不可以吃的食物的诱惑外，我们还可以通过锻炼，提高自己对味觉的灵敏度，比如苦味和酸味。天然的苦味和酸味是无害的，但身体并不喜欢它们，所以我们会主动选择苦味、酸味食物的机会并不多。比如，有些人喜欢红茶、绿茶和黑咖啡，但有些人仅仅是爱这些苦味和奶味、甜味结合后的风味。尝试喝纯苦味的饮品，能够锻炼自己对苦味的感知力，从而慢慢适应它。同理，对酸味的锻炼可以选择喝柠檬水、苹果醋或者是原味酸奶。柠檬味的饮料和风味酸奶之所以受人喜爱，无非是甜味和酸奶中和后会让人欲罢不能，归根结底，还是糖在作祟。尝试一下那些完全不含糖的纯酸味食物，并接受它们的味道，这有助于帮助你降低对甜味的耐受度，并提升味蕾的多维度灵敏性。

身体寒凉的人是不是不能喝蔬果昔？

在做生食料理中，处理食材的温度不允许高过 42 摄氏度。因为这个温度下可以保存食物的天然酵素及营养成分。

人类自从发现火之后，就开始利用火来加工食物，从而使食物变得柔软，味道也变得更美味。加热温度越高、时间越长，食物中所含的“生命力”就会变得越小。生的食物中所含有的多种维生素、植物活性酶、叶绿素大部分被破坏了，蛋白质和脂肪也开始变质。比如，菠菜用开水焯一下，其维生素 C 的含量只剩下原来的 45%。炒熟的茼蒿，维生素 C 的留存率只有 27%。这样一来，我们很难摄取新鲜的天然营养。

所以，用搅拌机、破壁机制作的蔬果昔，能够最大限度地保存食物的天然营养，更有利于人体吸收。

同时，蔬果是否寒凉跟是否生着吃关系并不大。如果在蔬果昔中添加生姜、姜黄或者肉桂，水果使用中温性的香蕉、苹果、芒果等，喝的时候确保蔬果昔的温度接近体温，喝下去以后，不但不会让身体变寒，还能够温润身体、平衡体内微生态系统。

蔬果昔中的绿叶菜需要先用热水烫一下吗？

“绿叶菜直接吃，不用开水焯，到底会不会草酸中毒呢？”这是很多学员们常问我的问题。

其实，摄入大量的绿叶菜才有可能草酸中毒，一般情况下身体完全可以自然代谢掉。一大盆菠菜，炒熟了也就一盘。生吃绿叶菜的话，量就更小了。而且，我们生吃菠菜时也没有搭配富含钙的豆腐之类的食物，而是通过凉拌或制作蔬果昔的方式食用，所以完全不用担心草酸中毒的问题。

减糖配合轻断食会掉肌肉吗？是否会影响运动表现？

国外的许多研究表明，短期断食并不会让人掉肌肉。其中原因是，断食会刺激体内的生长激素，当你的身体处于缺乏热量的状态时，它会卖力工作，保护你的肌肉组织。所以，虽然断食后你的体重会略有下降，但是减去的大部分是脂肪而非肌肉。

比起节食，间歇性轻断食和减糖对肌肉的维持力要好得多。当然，无论你采用任何饮食方式来减重，都需要一定的运动量来保障肌肉量。随着年龄的增长，人的肌肉量自然会不断下降。长期不做力量运动的人，就算吃得再营养，体内的肌肉依然会不断减少；而另外一类人是运动量极大却吃得很少，这会走向另外一个掉肌肉的极端。所以，运动和饮食一定要搭配得当才可以正确减肥。

碳水化合物是人体活动能量的主要来源，所以在减糖和间歇性轻断食期间，身体会感觉没有力气，运动起来很吃力。对于运动量大的人，我们可以用碳水循环法搭配运动计划，或者在饮食改变期间重新调整运动计划，做到量力而行。

减糖期间需要额外补充蛋白质吗？

蛋白质摄入量不足时，会对人体免疫系统造成危害。但当蛋白质摄入过量时，也会引发蛋白质的代谢紊乱，从而导致免疫力下降。我建议大家每日的蛋白质摄入量保持在体重千克数乘以 1.5 的数值内。比如我的体重是 49 千克，我的每日合理蛋白质摄入量就是 49 乘以 1.5，也就是 73.5 克。一个鸡蛋的蛋白质含量是7克左右，所以如果我通过鸡蛋来补充蛋白质，一天最多能吃10个鸡蛋。当然，我们不会只通过吃鸡蛋来摄入蛋白质，所以这只是一个极端的比喻。

在减糖期间，我们大可不必刻意增加蛋白质的摄入量，因为过量蛋白质摄入会影响减肥效果，只需遵守蛋白质和体重值的公式即可。但如果我们每日进行高强度的力量性运动的话，我们则需要额外增加蛋白质摄入，帮助打造肌肉线条。

备孕期、孕期、哺乳期是否可以实施减糖？

关系到孩子的事，必然是大事。很多人曾经问我，在备孕、怀孕、哺乳的时候可以减糖吗？接下来，我就按照情况逐一回答这个问题。

1. 备孕期可以减糖，且非常推荐。

在备孕期里，你完全可以进行减糖、低碳水饮食。很多实例证明，体重过重或者患有糖尿病难以生育的夫妻在实施了严格低碳水饮食后成功受孕了。低碳水饮食甚至有助于缓解孕初期的不适反应。

2. 怀孕期要酌情进行。

对于已经怀孕的朋友，甜食是肯定需要戒掉的。近几年来，妊娠期糖尿病发病率高升，它会带来流产、胎儿过度发育、出生后黄疸和 2 型糖尿病等问题。虽然宝宝出生后，这种暂时性的糖尿病便会痊愈，但孩子将来患 2 型糖尿病的概率会大大升高。

预防妊娠糖尿病很简单，只要控制饮食（特别是戒甜食）和适当运动就可以。

所以，我的饮食建议是，孕期里不需要实施超低碳水或者严格低碳水饮食，因为宝宝的发育需要一定的碳水化合物的支持，特别是含有丰富的维生素和叶酸的水果。减糖饮食虽然建议大家少吃或者不吃水果，但孕期中的准妈妈还是应该重视水果的摄入。但孕期可以完全戒除掉精制碳水化合物和糖，我们可以通过吃粗粮、豆类、鱼类、肉类、水果、蔬菜等来满足营养需求，同时还不用担心血糖会飙升。因为这些食物中虽然也有碳水化合物，但都是富含膳食纤维的低 GI 复合碳水化合物食物。

3. 哺乳期不建议刻意维持减糖和低碳水化合物。

在哺乳期，饮食应该遵循少糖、纯天然、荤素搭配三大原则，而且要注重食物质量，不用太在意数量。其实，不管是日常饮食还是产后饮食，吃得多不代表营养好，吃得少也不意味着营养不良。如果经常吃汉堡、薯条、炸鸡配奶茶，即使量吃得再多，营养也是不够的。很多老人觉得，大鱼大肉有营养，且能促进乳汁分泌，所以坐月子期间的膳食一般都偏油腻和高碳水化合物。新手妈妈如果想吃得健康一点，大鱼大肉只能适量吃，精制主食最好换成红薯、南瓜、玉米、小米、红豆等粗粮和豆类。

另外，你要控制住自己，哺乳期里不吃蛋糕、饼干这类含糖量高的精加工食品，戒掉精制糖和游离糖，对你是有百利而无一害的。

减糖期间很容易便秘怎么办？

在减糖和低碳水饮食期间，有些女生会遭遇便秘的困扰。通便有很多方法，但是在解决问题之前，你需要搞清楚一个前提：你为什么会便秘？

对于缺膳食纤维引起的便秘，你可以通过补充车前子壳粉、亚麻籽粉、芹菜、魔芋、木耳等富含膳食纤维的食物，配合喝水。需要提醒大家的是，那些自诩为纤维饼干的零食，用处可不大。

如果你是缺水型便秘，表现为大便异常干燥，建议你早上醒来后喝4杯水（可以加柠檬片）或者自己做排毒水喝。

如果你是气虚型便秘，你可以用枸杞、红枣、黄芪泡水，也可以加点菊花以防止上火，这些都可以帮助补气。

如果是上火型便秘，建议你榨五青汁喝，效果很棒。不要喝泄叶或者荷叶，否则会伤肝。

五青汁的做法：

1 根芹菜 +1 小段苦瓜 +1 个青椒 +2 根黄瓜 +1 个苹果，一起放在搅拌机里鲜榨即可。

如果你是气虚和大便干燥的情况兼而有之，你可以通过喝油来解决。喝油通便的效果是不错的，就是味道会很腻。建议你用椰子油或者芝麻油（口感相对好些），不建议用蓖麻油搭配蜂蜜，因为脂肪、糖一起吃容易发胖。所以我们还是喝单一的油，每天早上一茶勺就好，直至情况得到缓解。或者你也可以做蔬果昔的时候，里面加一茶勺椰子油或者蓖麻油，口感会更好一些。

吃那么多脂肪，会不会脂肪超标？

很多人有个误区，认为肉、油和坚果可以无限量吃。其实，任何东西都要控制量，如果你的每日摄入碳水化合物量没有降下去，那么你摄入的脂肪量也必须要控制。所以，那些一边吃苹果香蕉糙米饭，一边吃奶酪奶酪和坚果的人，一定要注意了！虽然你吃的每一样东西看起来都符合我们的要求，但这些放在一天里吃，就是灾难了。如果你没有进入到以脂肪燃烧供能的身体状态，就别乱吃脂肪，否则你的体重很难减下去！

碳水化合物和脂肪永远是跷跷板式的关系，只能一头高，永远不能两者一起高。所以大家一定不要只看到“可以吃什么”，而忽略了“不能吃什么”。